高等职业教育精品工程系列教材

STM32 单片机开发实例

——基于 Proteus 虚拟仿真与 HAL/LL 库

徐 亮 主 编

邓小龙 宋荣志 副主编

电子工业出版社

Publishing House of Electronics Industry

北京·BEIJING

内 容 简 介

这是一本介绍 STM32 单片机的入门书籍，单片机具体型号为 STM32F103R6。全书以项目教学模式编写，引导读者完成项目的过程学习并掌握单片机相关知识。本书所述的单片机开发方式没有采用早期的 STD 库，而是采用了意法半导体公司目前主推的 HAL/LL 库，IDE 采用了意法半导体公司目前主推的 STM32CubeIDE，并且几乎所有项目都支持 Proteus 仿真。

本书可作为高职高专院校电子类专业的教材，也可供 STM32 单片机爱好者入门学习使用。

图书在版编目（CIP）数据

STM32 单片机开发实例：基于 Proteus 虚拟仿真与 HAL/LL 库 / 徐亮主编. —北京：电子工业出版社，2021.1

ISBN 978-7-121-40482-5

Ⅰ. ①S… Ⅱ. ①徐… Ⅲ. ①单片微型计算机 Ⅳ.①TP368.1

中国版本图书馆 CIP 数据核字（2021）第 011003 号

责任编辑：郭乃明　　　　　特约编辑：田学清
印　　刷：保定市中画美凯印刷有限公司
装　　订：保定市中画美凯印刷有限公司
出版发行：电子工业出版社
　　　　　北京市海淀区万寿路 173 信箱　　　邮编：100036
开　　本：787×1092　　1/16　　印张：14　　字数：273 千字
版　　次：2021 年 1 月第 1 版
印　　次：2023 年 9 月第 9 次印刷
定　　价：45.00 元

凡所购买电子工业出版社图书有缺损问题，请向购买书店调换。若书店售缺，请与本社发行部联系，联系及邮购电话：（010）88254888，88258888。

质量投诉请发邮件至 zlts@phei.com.cn，盗版侵权举报请发邮件到 dbqq@phei.com.cn。

本书咨询联系方式：guonm@phei.com.cn，QQ34825072。

前　言

由于单片机技术涉及的应用领域广，相关人才的社会需求量大，因此单片机成为目前高职高专院校电子类专业的核心课程。据编者调研，目前国内很多高职高专院校仍在使用问世于 20 世纪 80 年代的 MCS-51 单片机进行教学，而这种单片机的系统架构已经跟不上时代的发展，目前只能应用在一些低端且对成本敏感的电子产品中。STM32 单片机于 2007 年由意法半导体公司推出，截至 2017 年年底，已经成功占据了全球 20% 的 MCU 市场份额，在中国 MCU 市场出货量居第二位。STM32 单片机产品丰富，高中低档单片机一应俱全，相比于 MCS-51 单片机，STM32 单片机系统架构新颖、片上资源丰富，能更好地应用于各种档次电子产品的设计。在目前国内各大人才招聘网站的单片机工程师招聘信息中，多数会要求应聘者具备 STM32 单片机的开发能力，因而高职高专院校很有必要开展 STM32 单片机的教学工作，至于是完全取代 MCS-51 单片机，还是 MCS-51 单片机与 STM32 单片机并存，各院校可根据实际情况决定。

STM32 单片机程序有寄存器、STD 库、HAL/LL 库三种开发方式。寄存器开发方式是传统单片机程序的开发方式，MCS-51 单片机即采用这种开发方式，但由于 STM32 单片机系统架构过于复杂，学习难度太大，因此它始终没有成为主流的 STM32 单片机程序开发方式。STD 库是意法半导体公司早期推出的驱动库，开发人员可通过调用驱动库中的 API 函数开发 STM32 单片机程序，STD 库开发方式曾经是主流的 STM32 单片机程序开发方式，但由于官方后续不再维护更新，STD 库无法支持新推出的 STM32 单片机型号，因此 STD 库的使用者不断减少。HAL/LL 库是继 STD 库之后，由意法半导体公司推出的新型驱动库，支持全系列 STM32 单片机产品，并且 HAL/LL 库直接嵌入了意法半导体公司推出的 IDE——STM32CubeIDE 中，用户可先进行图形化配置生成初始化代码，再完成 STM32 单片机程序其他代码的编写，实际上大量的代码由 IDE 自动生成而非人为编写，真正实现了编程的半自动化，开发效率得到了极大提高。本书即采用了 HAL/LL 库开发方式。

Labcenter Electronics 公司在 2016 年年底对其旗下的 EDA 工具——Proteus 进行了元器件库的更新，加入了几种常用的 STM32 单片机，至此，8.6 及之后版本的 Proteus 开始具备 STM32 单片机的电路仿真能力。本书除 4.7 节的串口通信之总线通信任务暂时不能仿真运行外，其余所有任务均支持 Proteus 仿真。Proteus 的优势在于方便快捷，在缺乏实验条件的情况下，只需要一台计算机即可完成 STM32 单片机的程序开发及电路调试工作。对于企业而言，Proteus 可以作为 STM32 单片机产品开发的辅助工具软件，先通过软件仿真调试，再通过硬件实物调试，可以大大缩减产品的开发时间和资金投入；对于学校而言，可以采用硬件实验箱与 Proteus 仿真配合的实验实训方式，既能节约实验实训室的建设投入，也能减轻实验实训设备的维护压力。

本书采用项目式教学模式，引导读者通过完成项目的过程来掌握每个任务包含的理论知识，做中学、学中练。编者始终坚持一种理念：单片机不仅是一门课程，也是一门技术，光靠看书、做题远远不够，一定要亲自动手编程和调试电路，否则很难真正学会和掌握单片机技术。

本书除任务 1.1~1.4 合计需 4 学时外，其余每个任务都需 4 学时，全书所有任务合计需 104 学时，各院校在教学实施过程中可根据实际情况自由选择。本书第 1、4、5 篇与附录由徐亮编写，第 2 篇由邓小龙编写，第 3 篇由宋荣志编写，全书的编写思路、规划、任务安排及统稿工作由徐亮负责。

为了方便教学，本书配备了电子课件、Proteus 仿真文件、单片机程序源码等资料，有需要的读者可登录华信教育资源网（www.hxedu.cn）免费注册后下载。

由于本书编写仓促，加上编者知识水平有限，书中难免存在错误和疏漏，欢迎各位读者批评指正。

编者

目　录

第1篇

入 门 篇

本篇为全书的开篇介绍，主要通过以下 4 节内容进行简要介绍。

1.1 节向之前没有接触过单片机的读者，介绍单片机为何物，以及单片机技术的发展历史，重点介绍本书学习对象——STM32 单片机的诞生与发展、产品线分布及主要应用领域。

1.2 节介绍 STM32 单片机的引脚构成。单片机硬件工程师在设计单片机板卡的时候，需要熟知单片机外围引脚（单片机与外电路的外部接口）的构成。当然，由于单片机的每个输入/输出引脚都有两种或两种以上的功能，十分复杂，具体的功能介绍会在后续章节陆续展开，这里仅做简要介绍。

1.3 节介绍 STM32 单片机的内部构造。

单片机软件工程师在设计单片机应用程序的时候，直接操作的对象是单片机内部的存储器，尤其是单片机内部的"片上外设映射地址"存储单元，该单元可以视作单片机各种片内外设的"内部接口"。此外，还介绍了 STM32 单片机的引导方式，以及 STM32 单片机的时钟树。

1.4 节介绍了免费的集成开发环境——STM32CubeIDE，基于 ISP 方式的单片机实物调试方法，基于 Proteus 的软件电路仿真。

1.1 单片机与 STM32 单片机

能力目标

了解单片机的发展史及其主要应用领域，STM32 单片机的由来及产品线简介。

任务目标

（无）

1.1.1　什么是单片机

单片机是一种采用超大规模集成电路技术把具有数据处理能力的中央处理器 CPU、随机存储器 RAM、只读存储器 ROM、多种输入/输出口和中断系统、定时器/计数器等集成到一块硅片上构成的一个完善的微型计算机系统。有些单片机还包括显示驱动电路、脉宽调制电路、模拟多路转换器、A/D 转换器等。

1.1.2　单片机发展史

单片机诞生于 20 世纪 70 年代末，经历了 SCM、MCU、SoC 三大阶段。

（1）SCM（Single Chip Microcomputer，单片微型计算机）阶段。在这一阶段，单片机的主要发展方向是将计算机体系单片化，即将计算机的 CPU、RAM、ROM、总线等部件集成在一个芯片上，便于嵌入设备之中。这一阶段的代表产品有 Intel 公司的 MCS-48 单片机。

（2）MCU（Micro Controller Unit，微控制器）阶段。在实际项目中，单片机往往需要与各种外设芯片协同工作才能实现特定的控制功能，为了进一步简化单片机应用电路的设计，单片机芯片上集成了越来越多的外设，称为片内外设。在这一阶段，单片机上集成的片内外设越来越多，单片机控制板卡的独立外设芯片越来越少。在发展 MCU 方面，早期著名的厂家当数 Philips 公司，STM32 单片机就是 MCU 的一种。

（3）SoC（System on Chip）单片机阶段。与 MCU 相比，SoC 单片机可以看作一种专用型单片机。例如，国产的乐鑫 ESP8266 单片机的内核是一个 32 位的精简指令集处理器，自带一个 Wi-Fi 模块；高通的骁龙处理器，CPU 只占整个芯片面积的 15%，其余被 GPU（Graphics Processing Unit，图像处理器）、DSP（Digital Signal Processing，数字处理）单元、基带/射频前端、Modem（调制解调器）等模块占据。

1.1.3　STM32 单片机的诞生与发展

STM32 单片机是欧洲意法半导体（STMicroelectronics，简称 ST）公司众多产品中的一种。2007 年 6 月 11 日，STM32 单片机诞生于北京。截止到 2016 年年底，中国市场销售的 STM32 单片机产品占其总销售额的 64%，依靠中国市场，意法半导体公司成了全球第二大通用 MCU 厂商，而此前意法半导体公司的 MCU 几乎很少有人知道。

与传统单片机不同，STM32 单片机的内核并非由意法半导体公司自主研发，而是采用了英国 ARM 公司授权的 Cortex-M 系列内核，围绕该内核增加了片内外设并进行了封装。除了 STM32 单片机产品，目前市面上还有恩智浦（NXP）、新唐（Nuvoton）等知名半导体公司推出的各自的基于 Cortex-M 内核的单片机产品。

1.1.4　STM32 单片机丰富的产品线

截止到 2017 年 4 月，STM32 单片机已经提供了十大系列（F0、F1、F2、F3、F4、F7、H7、L0、L1、L4）产品，超过 700 个型号，并且还在不断更新中。STM32 单片机家族图谱如图 1-1 所示。

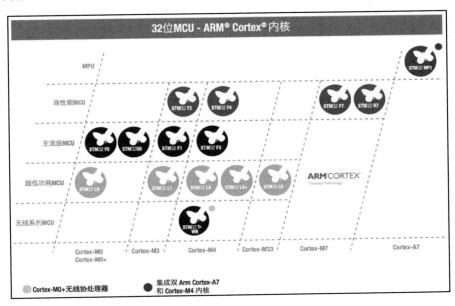

图 1-1　STM32 单片机家族图谱

STM32 单片机是一种通用型 MCU，其广泛应用于工业控制、消费电子、物联网、通信设备、医疗服务、安防监控等领域，其优异的性能进一步推动了生活和产业智能化发展。

1.2　STM32 单片机的引脚构成

能力目标

了解 STM32 单片机的引脚结构，掌握单片机最小系统的设计。

任务目标

（无）

1.2.1　引脚结构

本书选择的 STM32 单片机的型号是 STM32F103R6，该型号单片机基于 ARM 公司授权的 Cortex-M3 内核，其主要特性如下。

（1）电源电压为直流 2.0~3.6V。

（2）封装为 LQFP64（10×10mm）。

（3）输入/输出引脚数为 51 个。

（4）程序存储器（Flash Memory）的容量为 32KB，静态随机存储器（SRAM）的容量为 6KB。

（5）最高主频为 72MHz。

（6）片内外设有 A/D 转换器、DMA、PWM、RTC、Timers。

（7）通信接口有 I²C、SPI、USART、CAN、USB2.0。

（8）工作温度为-40～+85℃。

（9）工业级芯片。

STM32F103R6 单片机引脚排布及外形如图 1-2 所示。

STM32F103R6 单片机引脚的主要功能如下。

（1）电源引脚：VDD_x、VSS_x（x=1、2、3、4）、VDDA、VSSA、VBAT（电池正极）。

（2）时钟源输入/输出引脚：OSC_IN、OSC_OUT、OSC32_IN、OSC32_OUT。

（3）复位引脚：NRST。

（4）输入输出引脚 PAx、PBx、PCx、PDx（x=0、1、…、14、15），共 51 个引脚。

（5）大部分引脚具备多种功能，如 PA9、PA10 分别为串口 1（USART1）的数据发送引脚、数据接收引脚。这些引脚的具体功能会在后续章节进行介绍。

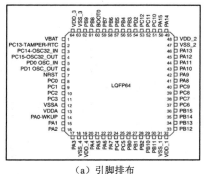

（a）引脚排布

（b）外形

图 1-2　STM32F103R6 单片机引脚排布及外形

1.2.2　单片机最小系统

单片机最小系统即单片机运行所需最少的外部条件。

1）电源

- VDD_1～VDD_4 为数字量电源正极，内部连通；VSS_1～VSS_4 为数字量电源负极，内部连通。

- VDDA、VSSA 为模拟量电源正负极，若不需要 A/D 转换或对模拟量精度要求不高，可以直接与数字量电源正负极相连。

- VBAT 作为电池正极输入端，一般用于 RTC 供电，若不需要 RTC 供电则直接与数字量电源正极相连。

在实际使用中，通常给定电源电压为 3.3V，若无特别说明，本书所有电路、案例中给定的电源电压默认都是 3.3V。

2）复位电路

STM32 单片机的复位方式有系统复位、上电复位、备份区域复位 3 种，其中系统复位又分为外部复位、WWDG（窗口看门狗）复位、IWDG（独立看门狗）复位、软件复位、低功耗管理复位 5 种，这里仅介绍外部复位。

STM32 单片机的外部复位电路如图 1-3 所示，当系统上电或在运行过程中按下图 1-3 中的按钮时，STM32 单片机可按 BOOT 模式的设定进行复位，BOOT 模式的具体内容将在 1.3 节进行介绍。

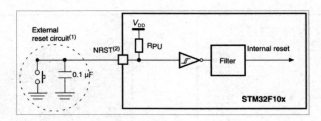

图 1-3　STM32 单片机的外部复位电路

3）时钟电路

STM32 单片机的时钟源输入/输出引脚共有 4 个，可划分为如下 2 组。

- OSC_IN 引脚和 OSC_OUT 引脚用于连接 HSE（High Speed External Clock Signal，高速外部时钟信号，一般指高速晶振），HSE 可选频率为 4～16MHz，典型值为 8MHz。

- OSC32_IN 引脚和 OSC32_OUT 引脚用于连接 LSE（Low Speed External Clock Signal，低速外部时钟信号，一般指低速晶振），LSE 典型值为 32.768kHz，用于向 RTC（Real-Time Clock，实时时钟）提供振荡源，通常不接。

图 1-4 为 STM32 单片机外接晶振电路。

图 1-4 中所接晶振都是无源晶振，在一些强干扰应用方案设计中，可以根据实际需求选择有源晶振，具体的设计方案本书不进行探讨，有兴趣的读者可以自行查阅相关资料。

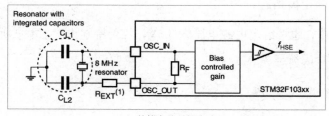

（a）外接高速晶振电路

图 1-4　STM32 单片机外接晶振电路

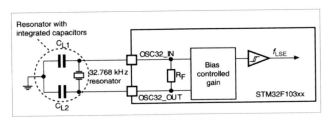

（b）外接低速晶振电路

图 1-4　STM32 单片机外接晶振电路（续）

几种常用的晶振如图 1-5 所示。

当设计方案对时钟源精度要求不高时，可以用STM32 单片机内部 RC 振荡器来代替外部晶振。HSI（High Speed Internal Clock Signal，高速内部时钟信号，即高速内部 RC 振荡器）和 LSI（Low Speed Internal Clock Signal，低速内部时钟信号，即低速内部 RC 振荡器）的频率分别为固定值 8MHz 和40kHz。

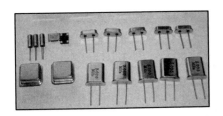

图 1-5　几种常用的晶振

STM32 单片机最小系统电路图如图 1-6 所示，除电源、复位电路与时钟电路外，一般还应预留程序下载接口与调试接口。在实际应用中，可根据需要对 STM32 单片机最小系统电路进行修改。

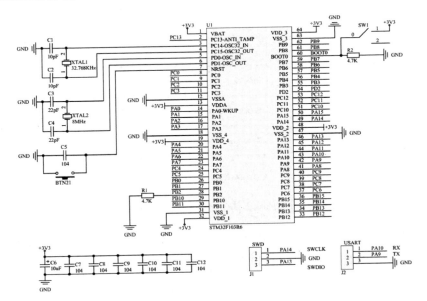

图 1-6　STM32 单片机最小系统电路图

1.3 STM32 单片机的内部构造

能力目标

了解与程序开发相关的部分单片机内部构造，主要包括存储结构、启动模式与时钟树 3 部分。

任务目标

（无）

1.3.1 Cortex-M3 的存储器结构

如图 1-7 所示，Cortex-M3 的存储器采用统一编址方式，并采用 32 位寻址，寻址范围为 0x00000000~0xFFFFFFFF，共 4GB 寻址空间。4GB 寻址空间被分为 Block0～Block7 共 8 个主块，每块存储空间均为 512MB。

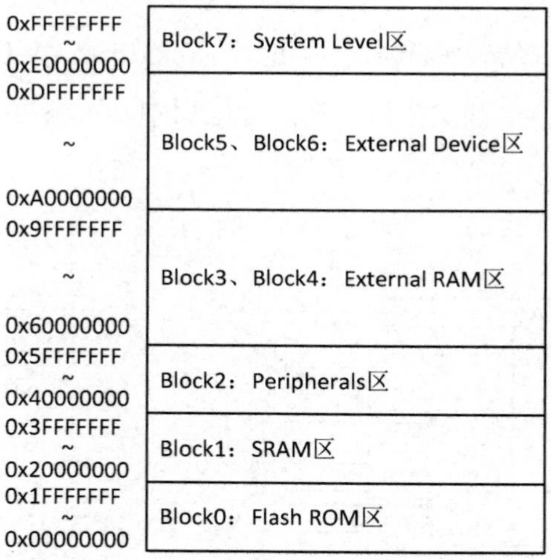

图 1-7 Cortex-M3 存储器结构示意图

下面对 Block0、Block1 和 Block2 进行介绍。

Flash ROM（Flash Read Only Memory，闪存只读存储器）位于 Block0 中，地址范围为 0x00000000~0x1FFFFFFF。STM32F103R6 单片机 Flash ROM 的存储空间只有 32KB，地址范围为 0x08000000~0x080007FFF。Flash ROM 也称为程序存储器，一般用于存放用户编写的单片机程序，具有断电保持功能。

SRAM（Static Random Access Memory，静态随机存储器）位于 Block1 中，地址范围为 0x20000000~0x3FFFFFF。STM32F103R6 单片机 SRAM 的存储空间只有 6KB，地址范围为 0x20000000~0x200017FF。SRAM 也称为数据存储器，一般用于存放单片机运行过程中产生的临时变量，不具备断电保持功能。

Peripherals（片上外设映射地址）位于 Block2 中，地址范围为 0x40000000~0x5FFFFFFF。Peripherals 的作用是作为片上外设的接口，单片机程序通过访问 Peripherals 实现间接控制对应的片内外设。

1.3.2　STM32 单片机的启动（BOOT）模式

STM32F103 系列单片机具有 3 种启动模式，分别为 Main Flash Memory（主闪存）、System Memory（系统存储器）和 Embedded SRAM（内置静态随机存储器），如表 1-1 所示。

表 1-1　STM32F103 系列单片机启动模式

启动选择引脚		启动模式	说　明
BOOT1 引脚	BOOT0 引脚		
×	0	Main Flash Memory	从主闪存启动
0	1	System Memory	从系统存储器启动
1	1	Embedded SRAM	从内置静态随机存储器启动

从主闪存启动和从系统存储器启动较为常见。从主闪存启动，即启动后运行用户编写的程序；从系统存储器启动，即进入意法半导体公司预置的 BootLoader（启动加载程序），一般用于从串口 1 下载用户程序，这部分内容将在 1.4 节进行详细介绍。

STM32F103R6 单片机的 BOOT0 引脚号为 60，BOOT1 引脚号为 28。

1.3.3　时钟树

STM32 单片机的外设较多，为了实现低功耗设计，允许用户对各种外设的时钟信号进行配置，工作频率越高，功耗越高，由此构成了 STM32F10x 的时钟树，如图 1-8 所示。STM32 单片机内部可选 PLL（Phase-Locked Loop，锁相环），能将总线频率最高倍频至 72MHz。

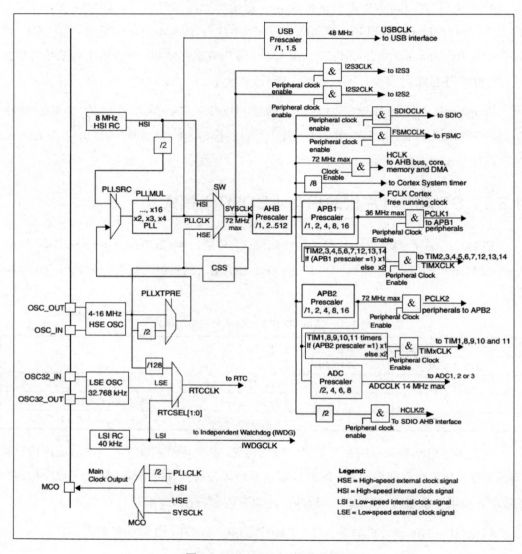

图 1-8　STM32F10x 的时钟树

1.4　STM32 单片机的程序开发方式

能力目标

了解 STM32 单片机的程序开发流程，以及与 STM32 单片机程序开发相关的软件与硬件知识。

任务目标

（无）

1.4.1　STM32 单片机程序开发流程概述

STM32 单片机程序有多种开发手段，这里仅向读者介绍采用 STM32CubeIDE 的开发手段。首先使用 STM32CubeIDE 的图形化配置工具生成程序的工程框架与初始化代码，之后使用 STM32CubeIDE 的编程工具编写代码并生成 STM32 单片机程序，然后结合实验板实物或 Proteus 虚拟仿真对程序进行调试，直至得到功能完善、运行稳定的 STM32 单片机程序。

1.4.2　STM32CubeIDE 简介

STM32CubeIDE 是意法半导体公司在 2019 年 4 月推出的 STM32 单片机专用 IDE（Integrated Development Environment，集成开发环境）。STM32CubeIDE 由 2 个工具软件整合而成：一个是意法半导体公司在 2016 年推出的图形化配置工具 STM32CubeMX，其主要用于自动生成 STM32 单片机程序初始化代码，减轻程序员的工作负担；另一个是意法半导体公司在 2017 年从 Atollic 收购的 ARM 编程工具 TrueSTUDIO，其主要用于编写 STM32 单片机程序代码。STM32CubeIDE 界面如图 1-9 所示。

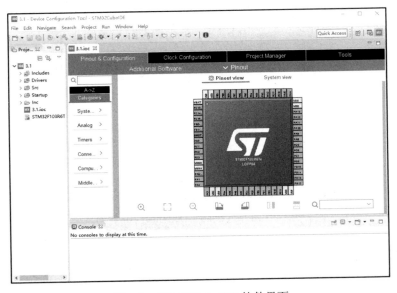

图 1-9　STM32CubeIDE 软件界面

STM32CubeIDE 由开源项目 Eclipse 二次开发，其运行需要 JRE（Java Runtime Environment，Java 运行时环境）的支持。

STM32CubeIDE 仅支持 64 位操作系统，32 位操作系统只能使用 STM32CubeMX+TureSTUDIO 组合方案，基于版本问题，STM32CubeMX 对 STM32 单片机不支持。

1.4.3 硬件实物调试简介

STM32 单片机可以通过 ISP（In-System Programming，在线系统编程）、ST-LINK、J-LINK 3 种方式下载程序，其中 ST-LINK、J-LINK 方式具有在线仿真功能。本书主要介绍 ISP 方式，即通过专用的 ISP 工具软件，将事先准备好的单片机程序由计算机经串口下载到单片机中。本书推荐使用如图 1-10 所示的由意法半导体公司提供的 Flash Loader Demonstrator，该工具软件支持的单片机程序文件是 HEX 格式的。值得注意的是，大部分 IDE 默认不会生成 HEX 文件，需要用户在 IDE 环境中设定，设定方法详见 3.1 节。

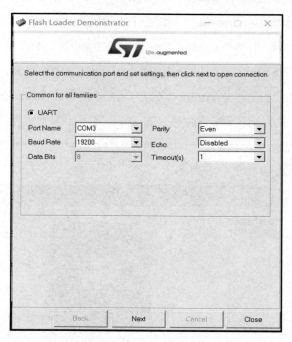

图 1-10　Flash Loader Demonstrator 界面

1.4.4 软件电路仿真简介

Proteus 是由英国的 Labcenter Electronics 公司推出的 EDA（Electronics Design

Automation，电子设计自动化）工具软件。Proteus 支持电路原理图设计、电路仿真及 PCB（Printed Circuit Board，印刷电路板）设计等的一站式设计，功能十分强大，本书仅涉及该软件的电路仿真功能。2016 年，Proteus 在原有的基础上增加了几种 STM32 单片机的仿真功能，并将版本号更新为 8.6，本书使用的是 8.8 版本的 Proteus。Proteus 电路仿真界面如图 1-11 所示。

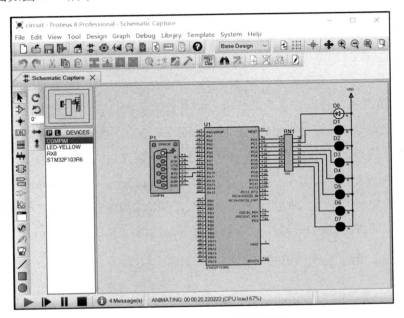

图 1-11　Proteus 电路仿真界面

以上工具软件的使用方法将会在后续章节陆续介绍。

第2篇

语言篇

STM32 单片机的开发语言有汇编语言和 C 语言 2 种。由于汇编语言的开发效率过于低下，因此 C 语言成了 STM32 单片机的主流开发语言。本篇对 STM32 单片机程序开发过程中涉及的 C 语言知识进行了系统的介绍。考虑到 STM32CubeIDE 集成的 HAL/LL 库中已经包含了大量的宏定义、结构体和 API（Application Programming Interface，应用程序接口）函数，不适合作为初学者学习 C 语言基础知识的载体，因此本书选择了 X86 CPU 平台的 C 编程工具 Dev-C++作为 C 语言学习的编程工具。

已经掌握 C 语言基础知识的读者可以直接跳过本篇。

2.1 C 语言入门与顺序结构

能力目标

理解并掌握 C 语言基本数据类型，以及算术、逗号、赋值 3 类运算符的使用方法，能使用 Dev-C++编写简单的顺序结构程序。

任务目标

根据随机输入的半径，计算得到相应的圆周长、圆面积、球面面积、球体体积。

2.1.1 计算机语言与 C 语言

1）计算机语言概述

计算机语言（Computer Language）是指用于人与计算机之间交换信息的语言。计算机语言分为机器语言、汇编语言和高级语言。

（1）机器语言。

用机器语言编写的代码称为机器码，机器码是唯一能被计算机 CPU 直接识别的代码，它由二级制编码按一定规律构成。由于不同的 CPU 集成的指令集不尽相同，因此即便是用于完成相同的功能，机器码的编写方式也不一样。

（2）汇编语言。

汇编语言与机器语言没有本质区别，汇编语言只是将晦涩难懂的二进制编码用英文助记符代替，方便人们编程。用汇编语言编写的代码称为汇编代码，汇编代码与机器码逐条对应，编程工作量基本相同。

（3）高级语言。

如果说机器语言、汇编语言是完全站在计算机 CPU 的角度考虑问题，那么高级语言则是偏向于站在人类的角度考虑问题。程序员采用高级语言，通过将字母、符号、数字进行组合，能够以一种简单、优雅的方式编写代码。用高级语言编写的程序结构更紧凑、清晰，可以有效提高人们的工作效率。目前比较主流的高级语言有 C、C++、Java、C#、Python 等。

C 代码及其机器码与汇编代码如图 2-1 所示，图 2-1（a）是 C 代码，图 2-1（b）是将这段 C 代码由 Dev-C++编译生成的机器码（左方框内）与汇编代码（右方框内）。

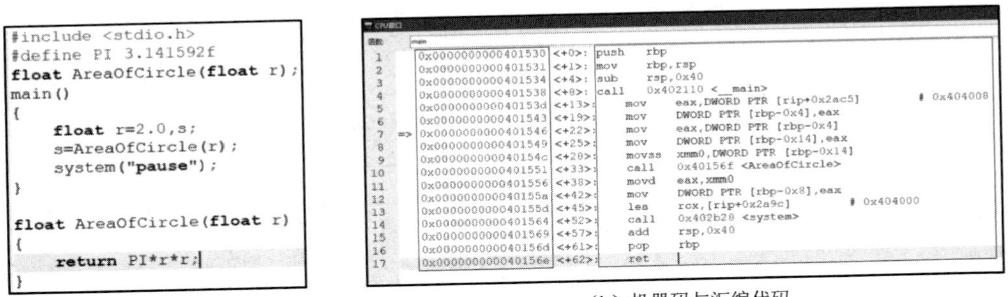

（a）C 代码　　　　　　　　　　　　（b）机器码与汇编代码

图 2-1　C 代码及其机器码与汇编代码

2）C 语言的产生与发展

1972 年，美国贝尔实验室的 Dennis M. Ritchie 在 B 语言的基础上设计出了一种全新的计算机语言，这种语言就是 C 语言。

1978 年，Dennis M. Ritchie 与 Brian W. Kernighan 合著了著名的《The C Programming Language》，但此书并没有给出一个完整的 C 语言标准。

1983 年，美国国家标准化协会（American National Standards Institute，ANSI）在《The C Programming Language》的基础上制定了第一个 C 语言标准，并于 1989 年正式发布，称为 C89 标准，这也是后来人们熟知的 ANSI C 标准。

后来，国际标准化组织（International Organization for Standardization，ISO）接纳了 C89 标准，并在此基础上不断修改，陆续推出了 C90、C99、C11 标准，这些标准也被人们称为 ISO C 标准。

3）C 语言的标识符与关键字

标识符是构成 C 代码的重要元素之一，它由英文字母、数字和下画线组成，而且开头只能是字母或下画线，如 a、Ab、Ba1、_1a 都是合法的标识符。值得注意的是，C 语言区分大小写字母。

ANSI C 保留了 32 个标识符作为 C 语言的关键字，这 32 个标识符不能进行其他定义，如表 2-1 所示。

表 2-1　ANSI C 的关键字

关 键 字	功　　能	关 键 字	功　　能
auto	声明自动变量	short	声明短整型变量或函数
int	声明整型变量或函数	long	声明长整型变量或函数
float	声明浮点型变量或函数	double	声明双精度变量或函数
char	声明字符型变量或函数	struct	声明结构体变量或函数
union	声明共用数据类型	enum	声明枚举类型
typedef	用于为数据类型取别名	const	声明只读变量
unsigned	声明无符号类型变量或函数	signed	声明有符号类型变量或函数
extern	声明变量是在其他文件中声明	register	声明寄存器变量
static	声明静态变量	volatile	说明变量在程序执行中可被隐含地改变
void	声明函数无返回值或参数，声明无类型指针	if	条件语句
else	条件语句否定分支（与 if 连用）	switch	用于开关语句
case	开关语句分支	for	一种循环语句
do	循环语句的循环体	while	循环语句的循环条件
goto	无条件跳转语句	continue	结束当前循环，开始下一轮循环
break	跳出当前循环	default	开关语句中的"其他"分支
sizeof	计算数据类型长度	return	子程序返回语句（可以带参数，也可以不带参数）循环条件

2.1.2　使用 Dev-C++编写计算机 C 程序

Dev-C++是一种 C/C++集成开发环境（Integrated Development Environment，简称 IDE），适合用来学习 C/C++语言。

双击 Dev-C++的图标![图标]启动软件，其主界面如图 2-2 所示。

图 2-2　Dev-C++主界面

依次选择菜单栏中的"文件"→"新建"→"项目"选项，新建项目，如图 2-3 所示。

图 2-3　"新项目"对话框

在"新项目"对话框默认打开的"Basic"标签页中，首先单击"C 项目"单选按钮并选中"缺省语言"复选框，然后在"名称"栏中填入项目名称（本例为"first"），接着选中"Console Application"并单击"确定"按钮，在弹出的保存对话框中选择新项目的保存路径，保存完新项目后进入如图 2-4 所示编程界面。

在编程界面中，可以看到左侧"项目管理"栏中显示了新建的项目，而且已经自动生成并添加了一个"main.c"文件。为了看到程序运行的实际效果，我们在右侧代码编辑区域"return 0;"语句上方插入一句"printf("Hello World!\n");"，单击快捷工具栏中的 ▦（编译运行）按钮即可看到代码编译生成可执行文件的过程，最后弹出程序运行画面，如图 2-5 所示。

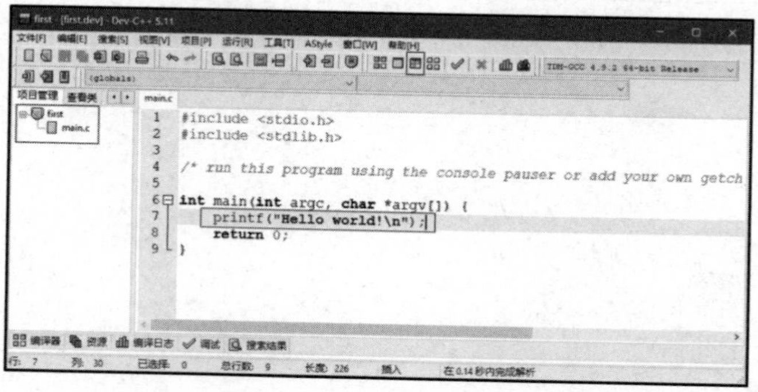

图 2-4　编程界面

图 2-5　程序运行画面

2.1.3　C 语言的基本数据类型

不同于机器语言、汇编语言对计算机存储空间的直接管理，C 语言采用了变量/常量的数据管理方式。变量是指其值在程序运行过程中可进行修改的数据；常量是指其值在程序运行过程中固定、不能修改的数据。无论是变量还是常量，本质上它们都是保存在计算机存储空间内的数据，为了便于对数据进行管理，ANSI C 提供了丰富的数据类型，如图 2-6 所示。

下面主要为读者介绍其中的基本数据类型，即整型、浮点型、字符型。ANSI C 基本数据类型的数据长度及取值范围如表 2-2 所示。

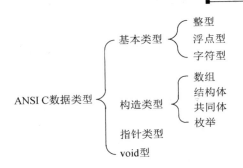

图 2-6　ANSI C 数据类型一览

表 2-2　ANSI C 基本数据类型的数据长度及取值范围

数据类型（大类）	数据类型（细分）	数 据 长 度	取值范围
整型	short	2 字节	−32768~+32767
	unsigned short	2 字节	0~65535
	int	2 字节	−32768~+32767
	unsigned int	2 字节	0~65535
	long	4 字节	−2147483648~+2147483647
	unsigned long	4 字节	0~4294967295
浮点型	float	4 字节	$−3.4×10^{-38}~+3.4×10^{+38}$
	double	8 字节	$−1.7×10^{-308}~1.7×10^{+308}$
字符型	char	1 字节	−128~+127
	unsigned char	1 字节	0~255

（1）整型。

整型类似于数学中的整数类型，有 short、unsigned short、int、unsigned int、long、unsigned long 6 种。其中，int 是一般整型，short 是短整型，long 是长整型，unsigned 表示无符号，类似数学中的正整数。

值得注意的是，C 语言中 int 型变量的长度并非一成不变，有的编译器 int 型变量的长度为 2 字节，而有的编译器 int 型变量的长度为 4 字节，在不确定 int 型变量长度的情况下，建议使用 short 或 long 关键字定义变量类型。

C 语言是强类型语言，所有变量必须定义再使用。

变量的定义格式：

类型说明符 变量名;

变量的赋值格式：

变量名=常量、变量或表达式;

整型变量的定义与赋值：

```
int a,b,c;
a=12,b=014,c=0xC;
```

这里的"="不同于数学中等号的意义，属于 C 语言的赋值运算符，表示将"="右边的常量、变量或表达式的值赋给左边的变量。

可以一次只定义一个变量，也可以一次定义多个变量，多个变量之间用逗号运算符","隔开。变量也可以在定义的同时进行初始化：

```
int a=12,b=014,c=0xC;
```

上面 3 个变量 a、b、c 实际上赋值的内容是一样的，只是分别采用十进制、八进制、十六进制进行了赋值，八进制前缀为"0"，十六进制前缀为"0x"或"0X"。如果十六进制数据中出现了字母，那么字母采用大写或小写皆可。

（2）浮点型。

浮点型类似于数学中的实数类型，有 float、double 2 种，float 是一般浮点型，double 是双精度浮点型。

浮点型变量的定义与赋值：

```
float a,b;
a=12.3,b=4.56e1;
```

上面 2 个变量 a、b 分别采用十进制小数形式、十进制指数形式进行了赋值，其中指数形式"4.56e1"即 4.56×10^1，这里的"e"也可以写成"E"。

（3）字符型。

字符型变量一般用来存放字符对应的 ASCII 码，比如：

```
char a,b;
a='7',b=55;
```

上面 2 个变量 a、b 实际上赋值的内容是一样的，变量 a 赋值字符 7，变量 b 赋值字符 7 对应的 ASCII 码。

在实际使用的时候，字符型变量往往也用来存放整型数据。

2.1.4 格式输入/输出函数

格式输入函数用于从输入设备（如键盘）向计算机输入数据，格式输出函数用于计算机向输出设备（如显示器）输出数据。虽然格式输入/输出函数在单片机 C 程序设计中很少使用，但它是计算机 C 程序设计中调试程序的好帮手。

格式输入/输出函数是由 C 标准库函数提供的，在使用这些函数的时候，必须使用预处理指令中的包含指令将标准输入/输出头文件 "stdio.h" 包含到当前项目中。

"stdio.h" 包含指令：

```
#include <stdio.h>
main()
{
……
}
……
```

值得注意的是，预处理指令不是 C 语句。以包含指令为例，预处理指令就是在编译器编译之前，将头文件中的内容替换成该包含指令，再进行编译。

1）格式输出函数——printf( )

格式输出函数的一般形式：

```
printf("格式控制字符串",输出列表);
```

括号中的内容由 2 部分构成。

（1）格式控制字符串。

格式控制字符串的作用是指定输出格式，它由如下 3 部分构成。

- 显示字符串，按原样输出。
- 格式化占位符，用于按照指定格式将数据输出，由 "%" 和特定的字符组成，输出时自动按指定格式显示变量或表达式的值，常用格式化占位符如表 2-3 所示。
- 转义字符，在输出时会被自动转换为对应的操作指令，常用转义字符如表 2-4 所示。

表 2-3　常用格式化占位符

占　位　符	作　　用	占　位　符	作　　用
%d	以十进制整数形式输出	%s	输出字符串
%x 或%X	以十六进制整数形式输出	%f	以小数形式输出实数
%c	输出单个字符	%e 或%E	以指数形式输出实数

表 2-4　常用转义字符

转 义 字 符	作　　用	转 义 字 符	作　　用
\n	换行符，将当前位置移到下一行开头	\\	输出一个反斜杠 "\"
\r	回车符，将当前位置移到本行开头	\'	输出一个单引号 "'"
\t	水平制表符	\"	输出一个双引号 """
\v	垂直制表符	\0	空字符，也是字符串结束标志

（2）输出列表。

输出列表是指输出变量或表达式的列表，用逗号运算符 "," 隔开，输出列表中变量或表达式必须与格式控制字符串一一对应。

例如：

```
char a='7';
printf("字符%c 的 ASCII 码是%d\n",a,a);
```

运行上述程序，如图 2-7 所示。

图 2-7　运行结果（一）

2）格式输入函数——scanf( )

格式输入函数的一般形式：

```
scanf("格式控制字符串",地址列表);
```

格式输入函数的格式控制字符串的作用与格式输出函数的格式控制字符串的作用完全相同，在程序运行过程中输入变量值时，要求输入的格式必须与格式控制字符串完全一致，但一般不建议加入显示字符串、转义字符和标点符号。

地址列表是由若干地址组成的列表，用逗号运算符 "," 隔开，可以是变量的地址、数组的首地址。变量的地址是由取地址运算符 "&" 后跟变量名构成的，比如，"&a"表示变量 a 在计算机内存中的地址。

例如：

```
int a,b,c;
```

```
scanf("%d%d%d",&a,&b,&c);
printf("变量a,b,c的值分别是：%d,%d,%d\n",a,b,c);
```

运行上述程序，如图 2-8 所示。

图 2-8　运行结果（二）

在上例中输入变量值的时候，可以通过空格键、Tab 键、回车键将这些输入值隔开。

2.1.5　C 语言的运算符（一）

（1）算术运算符。

算术运算符如表 2-5 所示。

表 2-5　算术运算符

运　算　符	功　　能	举　　例	运　算　符	功　　能	举　　例
+	加法运算符	x+y	%	取模（求余数）运算符	x%y
−	减法运算符	x-y	++	自增（加 1）	x++或++x
*	乘法运算符	x*y	--	自减（减 1）	x--或--x
/	除法运算符	x/y			

整数的运算：

```
int a=13,b=3;
printf("和：%d 差：%d 积：%d 商：%d 余数：%d\n",a+b,a-b,a*b,a/b,a%b);
```

运行上述程序，如图 2-9 所示。

图 2-9　运行结果（三）

值得注意的是，13/3 运算得到的是整除的结果 4，只有整数才能进行整除与取模运算。

在 C 语言中，四则运算同样遵循"先乘除后加减"的原则，如果需要改变运算次序，那么可以用小括号 "()" 来提升运算优先等级，比如：

```
float a=1,b=2,c=3,d=4,r;
r=(a+b)/c+d;
```

小括号 "()" 可以有多层，越往内层优先级越高，越往外层优先级越低。

浮点数的运算：

```
float a=13,b=3;
printf("和：%f 差：%f 积：%f 商：%f\n",a+b,a-b,a*b,a/b);
```

运行上述程序，默认显示六位小数，如图 2-10 所示。

图 2-10　运行结果（四）

自增/自减运算符属于单目运算符，符号与变量的位置不同，程序运行的效果也截然不同。

自增运算符的使用方法：

```
int a=1,b=1;
printf("a 的值是%d, b 的值是%d\n",++a,b++);
printf("a 的值是%d, b 的值是%d\n",a,b);
```

运行上述程序，如图 2-11 所示。

图 2-11　运行结果（五）

自减运算与自增运算类似，不再演示。总结而言，若自增/自减运算符在前则先进行自增/自减再执行语句；若自增/自减运算符在后则先执行语句再进行自增/自减。

（2）赋值运算符。

赋值运算符如表 2-6 所示。

表2-6　赋值运算符

运 算 符	功　能	举　　例	运 算 符	功　能	举　　例
=	赋值	a=b	&=	位与赋值	a&=b 等价于 a=a&b
+=	加赋值	a+=b 等价于 a=a+b	^=	位异或赋值	a^=b 等价于 a=a^b
-=	减赋值	a-=b 等价于 a=a-b	|=	位或赋值	a|=b 等价于 a=a|b
*=	乘赋值	a*=b 等价于 a=a*b	<<=	左移赋值	a<<=n 等价于 a=a<<n
/=	除赋值	a/=b 等价于 a=a/b	>>=	右移赋值	a>>=n 等价于 a=a>>n
%=	取模赋值	a%=b 等价于 a=a%b			

演示程序：

```
int a=11,b=13,c=15,d=17,e=19;
a+=1;b-=2;c*=3;d/=4;e%=5;
printf("a:%d,b:%d,c:%d,d:%d,e:%d\n",a,b,c,d,e);
```

运行上述程序，如图2-12所示。

图2-12　运行结果（六）

表2-6中右列运算符与2.2节的位运算符相关，这里不进行演示，可根据表2-6中左列运算符类推。

（3）逗号运算符。

逗号运算符构成的表达式一般形式：表达式1,表达式2,表达式3,…,表达式n。

以上表达式的功能是，从左往右依次求出每个表达式的值，表达式n的值即整个逗号表达式的值。

演示程序：

```
int a=2,b;
b=(a++,a+3);
printf("b:%d\n",b);
```

运行上述程序，如图2-13所示。

图2-13　运行结果（七）

2.1.6 任务程序的编写

C 语言的三种基本结构：顺序结构、分支结构、循环结构。其中，顺序结构是 C 程序最简单、状态最自然的程序结构，因为计算机 CPU 本身在执行程序的时候就是自上而下逐条执行的。顺序结构流程图如图 2-14 所示。

这里涉及圆周长、圆面积、球面面积和球体体积的计算。

main.c 程序：

```c
#include <stdio.h>
#define PI 3.141592  /*注释 1：宏定义*/
main()
{
    float r,c,s,S,v;   //注释 2：半径、圆周长、圆面积、球面面积、球体积
    printf("请输入半径：");
    scanf("%f",&r);
    c=2*PI*r;
    s=PI*r*r;
    S=4*PI*r*r;
    v=4*PI*r*r*r/3;
    printf("圆周长：%f，圆面积：%f，球面面积：%f，球体积：%f\n",c,s,S,v);
}
```

运行上述程序，如图 2-15 所示。

图 2-14 顺序结构流程图

图 2-15 运行结果（八）

main.c 程序中有两段注释，主要用于程序阅读者理解代码含义，并不参与编译。其中，注释 1 是"块注释"，允许跨行，"/*"和"*/"之间的字符都被编译器认定为注释，不会参与编译；注释 2 是"行注释"，不允许跨行，本行"//"之后的字符都被编译器认定为注释，不会参与编译。

main.c 程序还涉及预处理指令中的宏定义指令，以其中的"#define PI 3.141592"为例，它的作用是定义"PI"为"3.141592"。需要注意的是，宏定义指令本身并不是 C 语句，在编译器开始编译之前，程序会自动将代码中所有的"PI"替换为"3.141592"之

后再进行编译。宏定义指令的作用类似于常量的定义，但两者的原理是不同的。main.c 程序中的"#define PI 3.141592"也可以替换为"const float PI=3.141592;"。

2.2　分支结构

能力目标

理解、区分并掌握 C 语言的逻辑运算符、位运算符及比较运算符，能利用 if 语句与 switch 语句编写分支结构程序。

任务目标

任务 A：输入年份，判断该年份是否为闰年。

任务 B：某商场举办优惠购物活动，购物满 5000 元享 8 折优惠；购物满 2000 元，不满 5000 元享 8.5 折优惠；购物满 1000 元，不满 2000 元享 9 折优惠；其余不享受优惠，输入购物金额数，自动计算享受优惠后的价格。

2.2.1　C 语言的运算符（二）

（1）逻辑运算符。

逻辑运算符如表 2-7 所示。

表 2-7　逻辑运算符

运　算　符	功　　能	举　　例
&&	逻辑与	a&&b
||	逻辑或	a||b
!	逻辑非	!a

在逻辑关系中，用整型或字符型数字"0"代表"假"，用非零值代表"真"，但逻辑表达式的计算结果只有"0"或"1"。

演示程序：

```
//逻辑与运算
printf("And: %d,%d,%d,%d\n",0&&0,0&&1,2&&0,3&&4);
//逻辑或运算
printf("Or: %d,%d,%d,%d\n",0||0,0||1,2||0,3||4);
//逻辑非运算
printf("Not: %d,%d\n",!0,!1);
```

运行上述程序，如图 2-16 所示。

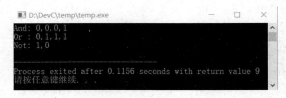

图 2-16　运行结果（九）

（2）位运算符。

位运算符如表 2-8 所示。

表 2-8　位运算符

运　算　符	功　能	举　例	运　算　符	功　能	举　例
&	按位与	a&b	^	按位异或	a^b
|	按位或	a|b	<<	左移	a<<n
~	按位取反	~a	>>	右移	a>>n

按位与、按位或、按位取反、按位异或运算符的使用方法：

```
unsigned char a=0x7A,b=0xC3;
printf("%x,%x,%x,%x\n",a&b,a|b,(unsigned char)(~a),a^b);
```

运行上述程序，如图 2-17 所示。

图 2-17　运行结果（十）

上述程序中的 4 个表达式的手工验算过程如下。

7AH=01111010B，C3H=11000011B

$$\begin{array}{r}01111010\\\underline{\&\,11000011}\\01000010\end{array}\qquad\begin{array}{r}01111010\\\underline{|\,11000011}\\11111011\end{array}\qquad \sim(01111010)=10000101\qquad\begin{array}{r}01111010\\\underline{\wedge\,11000011}\\10111001\end{array}$$

01000010B=42H，11111011B=FBH，10000101B=85H，10111001B=B9H

手工验算结果与程序自动运算结果完全一致。

值得注意的是，由于代码中的 "~a" 输出结果长度超过 1 字节，因此在表达式前面加上了"(unsigned char)"进行强制类型转换，但是并非所有的 C 编译器都会发生这种输出结果超长的问题。

左移运算符的使用方法：

```
unsigned char dat=0x55;
dat=dat<<1;
printf("左移一位：%x\n",dat);
dat=dat<<3;
printf("继续左移三位：%x\n",dat);
```

运行上述程序，如图 2-18 所示。

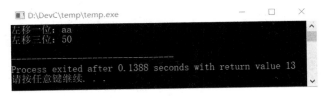

图 2-18　运行结果（十一）

上述程序的手工验算过程如下。

55H=01010101B

C 语言的左移运算表达式在移动数据位的过程中，左侧移出位丢弃，右侧移入位补0，如图 2-18 所示。

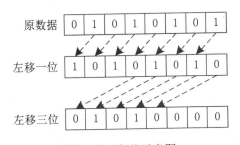

图 2-19　左移示意图

10101010B=AAH，01010000B=50H

手工验算结果与程序自动运算结果完全一致。

右移运算与左移运算类似，这里不进行演示。

（3）关系运算符。

关系运算符如表 2-9 所示。

表 2-9 关系运算符

运 算 符	功 能	举 例	运 算 符	功 能	举 例
>	大于	a>b	<=	小于或等于	a<=b
>=	大于或等于	a>=b	==	等于	a==b
<	小于	a<b	!=	不等于	a!=b

关系运算符用于表达数值的大小，关系成立则运算结果为"真"（1）；否则为"假"（0）。

演示程序：

```
char a,b;
a=(3>=2),b=(3==2);
printf("%d,%d\n",a,b);
```

运行上述程序，如图 2-20 所示。

图 2-20 运行结果（十二）

（4）运算优先级。

C 语言中的运算优先级共 16 级，数字越小，优先级就越高，如表 2-10 所示。

表 2-10 C 语言的运算优先级

优先级	运 算 符	结合方向	优先级	运 算 符	结合方向
1	后缀运算符：[] () . -> ++（后置）--（后置）	从左往右	2	一元运算符：++（前置）--（前置）！~+ - *（指针） &	从右往左
3	类型转换运算符：()	从右往左	4	乘除法运算符：* / %	从左往右
5	加减法运算符：+ -	从左往右	6	移位运算符：<< >>	从左往右
7	关系运算符：> >= < <=	从左往右	8	关系运算符：== !=	从左往右
9	位运算符：&	从左往右	10	位运算符：^	从左往右
11	位运算符：|	从左往右	12	逻辑运算符：&&	从左往右
13	逻辑运算符：||	从左往右	14	条件三目运算符：?:	从右往左
15	赋值运算符：= += -= *= /= %= &= ^= |= <<= >>=	从右往左	16	逗号运算符：,	从左往右

2.2.2　分支语句

分支结构也称为选择结构，它不同于顺序结构的流程唯一、固定，可以用于实现多种可能情况下不同的程序应对。C 语言的分支语句有 if 分支语句、switch 开关语句 2 种。

（1）if 分支语句。

if 分支语句的通用格式：

```
if(条件表达式 1)分支语句 1;
else if(条件表达式 2)分支语句 2;
else if(条件表达式 3)分支语句 3;
……
else if(条件表达式 n)分支语句 n;
else 分支语句 n+1;
```

上述格式可根据实际需求自由剪裁。当程序进入 if 分支语句时，自上而下依次执行条件表达式，若某条件表达式执行结果为"真"，则进入该分支，执行完成后直接跳过下面所有的分支。if 分支语句流程图如图 2-21 所示。如果分支语句由多条语句构成，那么也可以用大括号"{}"将这些语句括起来，由大括号括起来的多条语句称为复合语句。

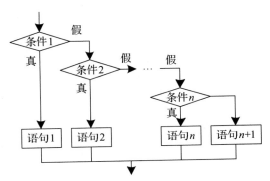

图 2-21　if 分支语句流程图

例如，随机输入数字 0～9，输出与其对应的英文翻译：

```
char num;
printf("输入数字 0~9: ");
scanf("%d",&num);
if   (num==0)printf("Zero\n");
else if(num==1)printf("One\n");
else if(num==2)printf("Two\n");
```

```
else if(num==3)printf("Three\n");
else if(num==4)printf("Four\n");
else if(num==5)printf("Five\n");
else if(num==6)printf("Six\n");
else if(num==7)printf("Seven\n");
else if(num==8)printf("Eight\n");
else if(num==9)printf("Nine\n");
else           printf("输入数字超限！\n");
```

运行上述程序，如图 2-22 所示。

图 2-22　运行结果（十三）

这里有必要对条件三目运算符 "?:" 进行简单介绍，条件三目运算符可以替代简单的 "if…else…" 分支语句。例如，判断随机输入的整数是否为正数：

```
int num;
printf("请输入一个整数：");
scanf("%d",&num);
if(num>0)
{
    printf("输入的数字是正数:-)\n");
}
else
{
    printf("输入的数字不是正数:-(\n");
}
```

可以用条件三目运算符替代上述程序中的 "if…else…" 分支语句：

```
int num;
printf("请输入一个整数：");
scanf("%d",&num);
num>0?printf("输入的数字是正数:-)\n"):printf("输入的数字不是正数:-(\n");
```

（2）switch 开关语句。

switch 开关语句的通用格式：

```
switch(表达式)
{
```

```
    case 常量表达式1:语句1;break;
    case 常量表达式2:语句2;break;
    ……
    case 常量表达式n:语句n;break;
    default:语句n+1;
}
```

同样，上述格式可根据实际需求自由剪裁。当程序进入 switch 开关语句时，自上而下对比各分支常量表达式的值是否与 switch 括号中的表达式相等，若相等则进入该分支，执行完响应语句后直接跳出 switch 开关语句。switch 开关语句流程图如图 2-23 所示。

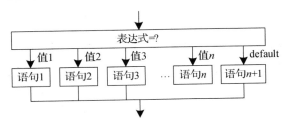

图 2-23　switch 开关语句流程图

例如，随机输入数字 0～9，输出与其对应的英文翻译：

```
char num;
printf("输入数字 0~9: ");
scanf("%d",&num);
switch(num)
{
    case 0:printf("Zero\n") ;break;
    case 1:printf("One\n") ;break;
    case 2:printf("Two\n") ;break;
    case 3:printf("Three\n") ;break;
    case 4:printf("Four\n") ;break;
    case 5:printf("Five\n") ;break;
    case 6:printf("Six\n") ;break;
    case 7:printf("Seven\n");break;
    case 8:printf("Eight\n") ;break;
    case 9:printf("Nine\n") ;break;
    default: printf("输入数字超限! \n");
}
```

运行上述程序，如图 2-24 所示。

通过对比不难发现，同样的案例用 if 分支语句和 switch 开关语句都可以实现，但这并不代表两种语句是可以互通的。一般来说，switch 开关语句比较适合用来表达定值而非取值范围的分支结构；而 if 语句可以用来表达所有的分支结构。

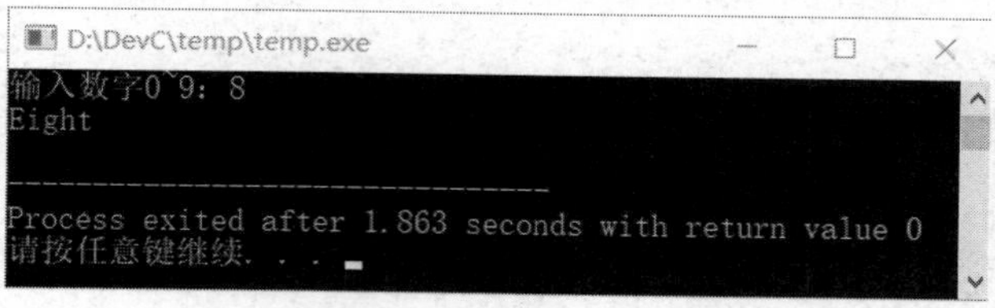

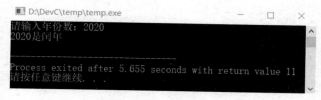

图 2-24　运行结果（十四）

2.2.3　任务程序的编写

任务 A 的程序编写。

闰年是公历中的概念，分为普通闰年和世纪闰年 2 种，普通闰年指的是年份数是 4 的倍数但不是 100 的倍数的年份，如 2020 年；世纪闰年指的是年份数是 400 的倍数的年份，如 2000 年。

main.c 程序：

```c
#include <stdio.h>
main()
{
    unsigned short year;
    printf("请输入年份数：");
    scanf("%d",&year);
    if((year%4==0 && year%100!=0) || (year%400==0))
    {
        printf("%d 是闰年\n",year);
    }
    else
    {
        printf("%d 不是闰年\n",year);
    }
}
```

运行上述程序，如图 2-25 所示。

图 2-25　运行结果（十五）

任务 B 的程序编码。

main.c 程序：

```c
#include <stdio.h>
main()
{
    float sums,rat; //金额，折扣
    printf("请输入消费金额（单位 元）: ");
    scanf("%f",&sums);
    if(sums>=5000)
    {rat=8;sums*=0.8;}
    else if(sums<5000 && sums>=2000)
    {rat=8.5;sums*=0.85;}
    else if(sums<2000 && sums>=1000)
    {rat=9;sums*=0.9;}
    else
    rat=10;
    if(rat==10)
    printf("无折扣，请付款%.1f 元。\n",sums);
    else
    printf("打%.1f 折，请付款%.1f 元。\n",rat,sums);
}
```

运行上述程序，如图 2-26 所示。

图 2-26　运行结果（十六）

值得注意的是，由于格式占位符"%f"默认输出 6 位小数，因此可以通过"%.1f"将输出的折扣数和应付金额数的小数位数都控制在 1 位。

在设置闭区间取值范围的时候，必须遵循一定的要求，以消费金额为 2000~5000 为例，绝对不可以将其表达为"2000<=sums<5000"，因为无论 sums 取何值，该表达式始终为"真"。例如，sums 取值 1000，虽然不在 2000~5000 范围内，但根据关系运算符"从左往右"的结合律，先判断"2000<=sums"，结果为"假"，也就是 0；接着判断"0<5000"，最终结果为"真"，也就是 1，这显然是不符合实际情况的。消费金额为 2000~

5000 的正确表达方式为"sums>=2000 && sums<5000",即利用逻辑与运算符"&&"取"sums>=2000""sums<5000"2 个开区间的交集。

2.3 循环结构程序

能力目标

理解数组的概念,掌握一维数组的定义及使用方法,能利用 while 语句、do…while 语句、for 语句编写循环结构程序。

任务目标

任务 A:随机输入 5 个正整数,找出其中的最大值、最小值。

任务 B:随机输入 2 个正整数,求出它们的最大公约数、最小公倍数。

2.3.1 数组

数组是同类型数据的有序集合,这里仅介绍在单片机程序开发中常用的整型数组、浮点型数组与字符型数组。

数组又可分为一维数组、二维数组和多维数组,这里仅介绍单片机程序开发中常用的一维数组。

(1)一维整型数组。

一维整型数组的定义方式:

类型说明符 数组名[整型常量表达式];

其中,类型说明符就是组成数组的各个元素的数据类型;数组名类似于变量名,即用于表达数组的标识符;方括号中的整型常量表达式表示数组元素的个数,或者说数组的长度。

一维整型数组定义完成之后即可使用其元素。一维整型数组的元素格式:

数组名[下标]

例如:

```
int a[5];
a[0]=12,a[1]=23,a[2]=34,a[3]=45,a[4]=56;
```

上述程序中首先定义了一个名为"a"的一维整型数组，该数组长度为 5，接着对数组中每一个元素依次赋值。值得注意的是，数组元素的下标是从 0 开始的，也就是说，如果数组长度为 N，则数组元素的下标取值范围为 $0\sim N-1$。

在定义数组的时候，可以同时直接初始化数组元素初值，比如：

```
int a[5]={12,23,34,45,56};
```

一维数组在初始化的时候，甚至可以不必指定数组长度，编译器在编译的时候，能根据初始化元素的个数自动判断数组长度，比如：

```
int a[]={12,23,34,45,56};
```

（2）一维浮点型数组。

一维浮点型数组的定义及使用方法与一维整型数组类似，可以先定义再赋值，比如：

```
float a[5];
a[0]=1.2,a[1]=2.3,a[2]=3.4,a[3]=4.5,a[4]=5.6;
```

一维浮点型数组也可以在定义的同时初始化初值，比如：

```
float a[5]={1.2,2.3,3.4,4.5,5.6};
```

（3）一维字符型数组。

一维字符型数组的定义和使用方法与一维整型数组、一维浮点型数组类似，但它有自己的特点。一维字符型数组可以先定义再赋值，比如：

```
char a[6];
a[0]='H',a[1]='e',a[2]='l',a[3]='l',a[4]='o',a[5]='\0';
```

上述程序定义了一个长度为 6 的字符型数组并为其赋值"Hello"字符串，最后一个字符"\0"是字符串结束标志。

一维字符型数组也可以在定义的同时初始化初值，比如：

```
char a[6]={'H','e','l','l','o','\0'};
```

一维字符型数组还可以在初始化的时候直接赋予字符串，比如：

```
char a[6]="Hello";   //尾部会自动添加"\0"
```

但请注意，字符串（定义的关键字为 CString）只能在定义的同时，也就是初始化的时候赋予，不能等定义完成之后在下一条语句中赋予。

2.3.2 循环语句

循环结构又称为重复结构，可以完成重复性、规律性的操作，比如，求若干数的和、迭代求根等。构成 C 程序中循环结构的语句有 while 语句、do…while 语句、for 语句和 goto 语句。其中 goto 语句的使用方法与汇编语言中的无条件跳转指令 AJMP 指令类似，由于其使用不当会破坏程序的结构化设计风格，因此不推荐使用，本书亦不做介绍。

（1）while 语句。

while 语句的通用格式：

```
while(条件表达式)循环语句;
```

while 语句是一种"当"型循环语句，进入 while 语句后，首先判断条件表达式是否为"真"，若为"真"则执行循环语句；接着重新回到条件表达式，循环往复……直到判断条件表达式为"假"，跳出循环执行后续程序。while 语句流程图如图 2-27 所示。循环体语句若由多条语句构成，则必须用大括号"{}"括起来构成复合语句。

例如，计算 1+2+3+…+100 的程序为：

```
unsigned int sum=0,i=1;
while(i<=100)
{
    sum+=i;
    i++;
}
printf("1+2+3+...+100=%d\n",sum);
```

运行上述程序，如图 2-28 所示。

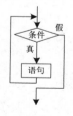

图 2-27 while 语句流程图

图 2-28 运行结果（十七）

上述程序采用循环累计的实现方法，变量 sum 作为累计池，每循环一次将 i 的值累计一次，每循环一次 i 递增一次。

（2）do...while 语句。

do...while 语句的通用格式：

```
do 循环语句 while{条件表达式};
```

do...while 语句是一种"直到"型循环语句，进入 do...while 循环语句后，先直接执行循环语句，再判断条件表达式是否为"真"，若为真则重新回到循环语句，循环往复，直到条件表达式为"假"，跳出循环执行后续程序。do...while 语句流程图如图 2-29 所示。

例如，计算 1+2+3+...+100 的程序为：

```
unsigned int sum=0,i=1;
do
{
    sum+=i;
    i++;
}
while(i<=100);
printf("1+2+3+...+100=%d\n",sum);
```

运行上述程序，如图 2-30 所示。

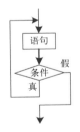

图 2-29　do...while 语句流程图

图 2-30　运行结果（十八）

（3）for 语句。

for 语句是循环语句中使用最为灵活的一种，它也是一种"当"型循环语句，完全可以代替 while 语句。

for 语句的通用格式：

```
for(表达式 1;表达式 2;表达式 3)循环语句
```

for 语句流程图如图 2-31 所示。

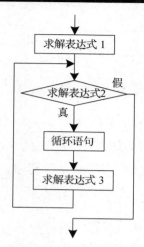

图 2-31　for 语句流程图

for 语句的执行过程如下。

步骤 1：求解表达式 1。

步骤 2：求解表达式 2，若为"真"，则执行循环语句，然后执行步骤 3；若为"假"，则结束循环，转到步骤 5。

步骤 3：求解表达式 3。

步骤 4：转回步骤 2 继续执行。

步骤 5：循环结束，执行 for 语句下面的语句。

在实际使用的时候，for 语句的常用格式：

```
for(循环变量赋初值;循环条件;循环变量增/减值) 循环语句
```

例如，计算 1+2+3+...+100 的程序为：

```
unsigned int sum=0,i;
for(i=1;i<=100;i++) sum+=i;
printf("1+2+3+...+100=%d\n",sum);
```

运行上述程序，如图 2-32 所示。

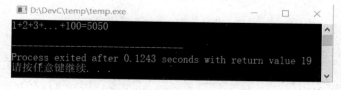

图 2-32　运行结果（十九）

（4）continue 语句与 break 语句。

在循环结构程序中，经常会用到 continue 语句和 break 语句。continue 语句的作用
是提前结束当次循环进行下一次循环；break 语句的作用是直接跳出循环。下面通过 2 个
简单的程序来演示 continue 语句与 break 语句的区别。

continue 语句演示程序：

```c
int i=1;
while(i<10)
{
    if(i==5)
    {
        i++;
        continue;
    }
    else
    {
        printf("第%d次循环\n",i);
        i++;
    }
}
```

运行上述程序，如图 2-33 所示。

图 2-33　运行结果（二十）

break 语句演示程序：

```c
int i=1;
while(i<10)
{
    if(i==5)
    {
        i++;
        break;
    }
```

```
    else
    {
        printf("第%d次循环\n",i);
        i++;
    }
}
```

运行上述程序，如图 2-34 所示。

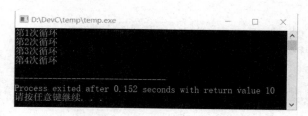

图 2-34   运行结果（二十一）

2.3.3   任务程序的编写

任务 A 的程序编写。

以找出 5 个随机正整数中的最大值为例，先假定第 1 个数就是最大值，然后跟第 2 个数进行比较，若假定的最大值比第 2 个数小，则将第 2 个数替换为假定的最大值，否则什么也不做，以此类推，接着将假定的最大值与第 3 个、第 4 个、第 5 个数进行比较。

找出 5 个随机正整数中的最小值也采用类似方法。

main.c 程序：

```c
#include <stdio.h>
main()
{
    unsigned int num[5],i,max,min;
    printf("请依次输入五个正整数：");
    for(i=0;i<5;i++)
    {
        scanf("%d",&num[i]);
    }
    max=min=num[0];
    for(i=1;i<5;i++)
    {
        if(max<num[i])max=num[i];
```

```
        if(min>num[i])min=num[i];
    }
    printf("最大值: %d; 最小值: %d\n",max,min);
}
```

运行上述程序，如图 2-35 所示。

图 2-35　运行结果（二十二）

任务 B 的程序编写。

2 个正整数的最大公约数未必存在，比如，2 个质数就不存在最大公约数，但最小公倍数是必然存在的，比如，2 个质数的乘积就是两者的最小公倍数。

以求解 2 个随机正整数的最大公约数为例，先假定较小的数字就是两者的最大公约数，2 个正整数同时除以假定最大公约数，若能整除则假定最大公约数就是两者实际的最大公约数，结束求解过程；若不能整除，则假定最大公约数递减一次，2 个正整数再同时除以假定最大公约数，以此类推，直到求得最大公约数。对于 2 个质数而言，依照此流程最后求得的结果是 1，显然 1 不能作为 2 个正整数的最大公约数。

求解 2 个随机正整数的最小公倍数也采用类似的方法，但假定的最小公倍数是较大的数字，且数字是递增的。

main.c 程序：

```
#include <stdio.h>
main()
{
    int num1,num2,result;
    printf("请随机输入两个正整数(先大后小):");
    scanf("%d%d",&num1,&num2);
    //1.求最大公约数
    result=num2;
    while(result>=1)
    {
        if(num1%result==0 && num2%result==0)break;
        result--;
    }
```

```
if(result==1)printf("%d 和%d 不存在最大公约数\n",num1,num2);
else       printf("%d 和%d 的最大公约数是%d\n",num1,num2,result);
//2.求最小公倍数
result=num1;
while(1)//或者 result<=num1*num2
{
    if(result%num1==0 && result%num2==0)break;
    result++;
}
printf("%d 和%d 的最小公倍数是%d\n",num1,num2,result);
}
```

运行上述程序，如图 2-36 所示。

图 2-36   运行结果（二十三）

2.4   模块化程序的设计

能力目标

简单了解结构体、指针的相关基础知识，重点理解并掌握 C 语言函数的概念及使用方法。

任务目标

随机输入 5 个正整数，将 5 个正整数按从小到大的顺序进行排列。

2.4.1   结构体认知

与 2.3.1 节介绍的数组一样，结构体也是 C 语言构造数据中的一种，与数组是同种类型数据的组合不同的是，结构体是不同类型数据的组合。STM32 单片机的 HAL/LL 库中大量使用了结构体，用于对片内外设的一组不同的参数进行设定，但这部分主要是一些自动生成代码，读者只需要简单了解。

结构体的使用可分为 3 步，即构造结构体类型→定义结构体变量→结构体变量赋值。

（1）构造结构体类型的一般形式：

```
struct 结构体名
{
    类型名1 成员名1;
    类型名2 成员名2;
    ......
    类型名3 成员名3;
};
```

例如，构造一个名为"Student"的结构体，用来记录学生的基本信息：

```
struct Student
{
    unsigned int No;  //学号
    char Name[10];  //姓名
    char Sex;  //性别
};
```

（2）定义结构体变量的一般形式：

```
struct 结构名 变量名列表;
```

例如，定义一个"Student"型的结构体变量"student1"：

```
struct Student student1;
```

（3）使用上面定义的结构体变量，包括赋值和读取该变量的值。

可以在定义的同时进行初始化，比如：

```
struct Student student1={325,"张三",'M'};
```

也可以在定义完成后进行赋值，比如：

```
struct Student student1;
student1.No=325;
strcpy(student1.Name,"张三");  //字符串赋值函数，需要包含头文件"string.h"
student1.Sex='M';
```

需要注意的是，在访问结构体变量中个别元素的时候，采用"结构体变量.结构体成员"的形式。

2.4.2　指针认知

在 C 程序中，每定义一个变量，编译器都会为其分配内存单元，而指针就是用于指向这个变量内存单元的变量，或者说在指针变量中存储了其指向变量的内存地址。指针在 STM32 单片机程序的开发中，主要作用是在调用 HAL/LL 库 API 函数时进行实参的地址引用，这里仅对指针指向基本变量、指针指向一维数组的使用方法进行简要介绍，在 2.4.3 节也会简单介绍指针变量作为函数参数的使用方法。

（1）指针指向基本变量。

指针变量的定义格式：

```
类型说明符 *变量名；
```

这里的"*"表示这是一个指针变量，类型说明符指的是指针所指向变量的数据类型。

比如：

```
int *p;
```

表示定义了一个指针变量 p，它可以指向一个整型变量，但具体指向哪一个整型变量需要通过对指针变量赋值来确定。

指针变量的赋值格式：

```
变量 1=&变量 2；
```

这里的"&"是取地址运算符，表示获取变量 2 的地址，同时它是一个单目运算符，与位运算符中的位与运算符"&"具有的功能不同，比如：

```
int a,*p;
p=&a;
```

取地址运算符也可以在定义的同时直接初始化：

```
int a,*p=&a;
```

取地址运算符还可以利用指针引用变量：

```
int a=56,*p=&a;
printf("%d",*p);
```

运行上述程序，如图 2-37 所示。

图 2-37　运行结果（二十四）

在利用指针引用变量时，"*p"表示指针变量"p"所指向变量的值。

（2）指针指向一维数组。

数组在计算机内存中的地址是连续的，一般我们可以将指针指向数组的第一个元素的地址，在遍历该数组中每一个元素时，只需要将指针不断往后偏移即可。

例如，定义一个指针并指向整型一维数组的第一个元素：

```
int *p,a[5]={12,23,34,45,56};
p=&a[0];
```

也可以：

```
int *p,a[5]={12,23,34,45,56};
p=a;
```

即"&a[0]"和"a"都可以表示数组 a 的第一个元素的地址。

利用指针遍历一维数组：

```
int *p,a[5]={12,23,34,45,56},i;
p=a;
for(i=0;i<5;i++)
{
    printf("%d ",*p++);
}
```

上述程序中"*p++"的"++"优先级别比"*"高，等价于"*(p++)"。运行上述程序，如图 2-38 所示。

图 2-38　运行结果（二十五）

2.4.3　函数与模块化程序设计

C 程序一般是由一个主函数（main 函数）及若干其他函数构成的，主函数是整个程序执行的入口，不可或缺。将一段具有特定功能的代码封装成函数，既方便程序员在后续的开发中直接调用，也提高了代码的可维护性，可谓一举两得。由于每一个函数都是一个独立的功能模块，因此 C 语言也被称为模块化程序设计语言。

函数的使用一般分 3 步进行：定义、声明、调用。

定义的一般形式：

```
函数类型  函数名（形式参数表）
{
    函数体
}
```

第 1 行构成函数的首部，大括号中的内容构成函数的函数体。其中，形式参数简称形参，即函数的输入值，函数的形参可以有多个，也可以只有一个，甚至可以没有形参；函数类型也称为函数的返回值类型，即函数的输出值类型，函数的返回值最多只能有一个，当函数没有返回值时，函数类型必须写为"void"。

声明的一般形式：

```
函数类型  函数名（形式参数表）；
```

一般将函数的首部直接复制粘贴到主函数之前，加上分号"；"即可。

调用的一般形式：

```
函数名（实际参数表）；
```

在调用函数时，必须将形参全部替换为实际参数（简称实参）。

函数的定义可以理解为定义了一种运算关系，形参可以理解为自变量，返回值可以理解为因变量。函数的调用可以理解为将常量代入函数定义的运算关系从而得出运算结果。函数的声明与编译器的编译顺序有关。例如，定义的函数在主函数之后，而主函数调用了该函数，如果不提前声明，那么编译器会认为该函数不存在而终止编译。

比如，圆面积的计算：

```
#include <stdio.h>
static float pi=3.141592;  //"static" 关键字说明 "pi" 是一个常量
main()
{
    float r,s;
    printf("请输入半径：");
    scanf("%f",&r);
    s=pi*r*r;
    printf("圆面积：%f\n",s);
}
```

将圆面积的计算公式封装成独立函数：

```
#include <stdio.h>
static float pi=3.141592;  // "static" 关键字说明 "pi" 是一个常量
float square(float r);  //函数的声明
main()
{
    float r,s;
    printf("请输入半径: ");
    scanf("%f",&r);
    s=square(r);  //函数的调用
    printf("圆面积: %f\n",s);
}

//函数的定义
float square(float r)
{
    return pi*r*r;  //由 "return" 语句返回运算结果
}
```

圆面积计算函数中，形参只有半径"r"，返回值类型为浮点型，由于这不是一个 void 型函数，因此在调用时可以将函数返回值赋值给变量"s"。运行上述圆面积计算程序，如图 2-39 所示。

值得注意的是，在 main 函数和 square 函数中都有变量"r"，但这两个函数中的变量"r"没有任何关系，它们分属于两个不同函数的"局部变量"，其作用域仅限于各自所在的函数内部；变量"pi"定义的位置在所有函数之前，它属于"全局变量"，其作用域可达整个程序的任何位置，当全局变量与局部变量同名时，局部变量会在其作用域内自动屏蔽同名全局变量。

图 2-39　运行结果（二十六）

形参分别为变量和指针时的区别：

```
#include <stdio.h>
void f1(int  a);
void f2(int *p);
main()
{
    int a=0;
```

```
    f1(a);
    printf("a=%d\n",a);
    f2(&a);
    printf("a=%d\n",a);
}

void f1(int a)
{
    a++;
}

void f2(int *p)
{
    (*p)++;
}
```

运行上述程序，如图 2-40 所示。

图 2-40　运行结果（二十七）

f1 函数采用的是"值传递"的参数传递方式，函数执行完毕后，不会影响到原变量的值；f2 函数采用的是"地址传递"的参数传递方式，函数在执行过程中直接改变了指针指向的变量值，所以当函数执行完毕后，原变量的值会发生变化。

2.4.4　任务程序的编写

显然，本任务必须借助于数组，在定义排序函数的时候，可以利用指针指向数组的首地址，在调用排序函数之后，数组中的元素即完成从小到大的排序。

排序策略：先将数组第一个元素依次与后面的四个元素进行比较，在比较过程中，只要发现第一个元素比某一个元素大，就交换这两个元素的位置，确保最小的元素排在数组的第一位，然后将数组的第二个元素与后面的三个元素进行比较……以此类推。

main.c 程序：

```
#include <stdio.h>
#define uint unsigned int  //宏定义
void AscendSort(uint num,uint *p);
```

```
main()
{
    uint a[5],i;
    for(i=0;i<5;i++)
    {
        scanf("%d",a+i);   //a+i 也可以写成&a[i]
    }
    AscendSort(5,a);
    for(i=0;i<5;i++)
    {
        printf("%d ",a[i]);
    }
}


/****************************
length: 数组长度
*p: 数组首地址指针
****************************/
void AscendSort(uint length,uint *p)
{
    uint i,j,t;
    for(i=0;i<length-1;i++)
    {
        for(j=i+1;j<length;j++)
        {
            if(*(p+i)>*(p+j)){t=*(p+i);*(p+i)=*(p+j);*(p+j)=t;}
        }
    }
}
```

运行上述程序，如图 2-41 所示。

图 2-41　运行结果（二十八）

在调用函数时，形参中的指针"p"指向数组"a"的首地址，在函数的执行过程中，p+i 自然就指向 a[i]地址。在 STM32 单片机程序开发过程中，将指针作为 HAL/LL 库中 API 函数的形参，在调用 API 函数时，利用指针指向数组首地址这种情况十分常见。

第3篇

基 础 篇

STM32 单片机大部分的引脚都是输入/输出引脚，几乎每个输入/输出引脚都有 2 种甚至更多种不同的功能可以切换，但输入/输出是这些引脚基础的功能。本篇针对输入/输出引脚的基础功能，设计了一些小项目，读者通过跟随书中的讲解完成这些小项目，不仅可以了解并掌握输入/输出引脚的各种应用方案的设计，也可以掌握应对各种不同项目需求的处理思路，熟悉 STM32 单片机的程序开发流程。

3.1 LED 单灯闪烁之软件延时

能力目标

理解单片机 GPIO 引脚的 2 种主要的输出类型，初步掌握使用 STM32CubeIDE 开发单片机应用程序的方法，掌握通过 ISP 方式下载程序并通过实物验证的方法。

任务目标

STM32 单片机控制单个 LED 亮灭仿真电路如图 3-1 所示，要求通过单片机 PC0 引脚控制 LED0 以 1 秒为周期闪烁。

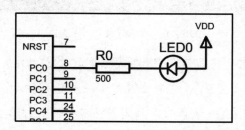

图 3-1　STM32 单片机控制单个 LED 亮灭仿真电路

3.1.1　STM32 单片机的 GPIO 引脚及其输出类型

STM32F103R6 单片机具有 51 个 GPIO（General-Purpose Input/Output，通用输入/输出）引脚，每个 GPIO 引脚的结构都相同，如图 3-2 所示。

GPIO 引脚的 8 种设定工作模式如表 3-1 所示。

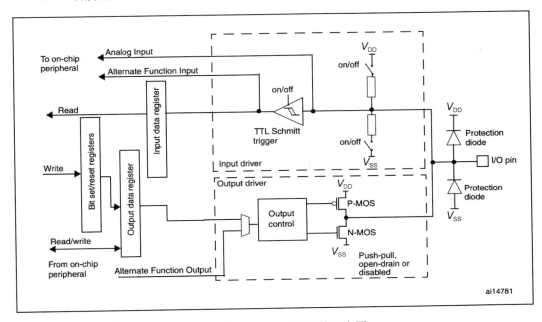

图 3-2　单个 GPIO 引脚结构示意图

表 3-1　GPIO 引脚的 8 种设定工作模式

设定工作模式		设定工作模式	
通用输出模式	推挽输出	通用输入模式	模拟输入
	开漏输出		浮空输入
复用输出模式	复用推挽输出		下拉输入
	复用开漏输出		上拉输入

本节仅对通用输出模式中的推挽输出模式、开漏输出模式进行简要介绍，电路详见图 3-2 中的输出驱动（Output driver）部分。图 3-2 中的 P-MOS 管与 N-MOS 管起到电子开关的作用。

1）推挽输出

在推挽输出模式下，P-MOS 管与 N-MOS 管发挥如下作用。

（1）当控制输出（Output control）为 1 时，P-MOS 管闭合，N-MOS 管断开，GPIO 引脚输出高电平，此时的等效电路如图 3-3（a）所示。

（2）当控制输出为 0 时，P-MOS 管断开，N-MOS 管闭合，GPIO 引脚输出低电平，此时的等效电路如图 3-3（b）所示。

推挽输出模式一般应用在输出高电平与低电平，而且需要高速切换开关状态的场合。在 STM32 单片机的应用中，除了必须用开漏模式的场合，一般都推荐使用推挽输出模式。值得注意的是，当 GPIO 引脚直接接地的时候，切不可推挽输出高电平，否则电源会被直接短路。

2）开漏输出

在开漏输出模式下，P-MOS 管始终断开，仅 N-MOS 管发挥作用。

（1）当控制输出 1 时，N-MOS 管断开，GPIO 引脚悬空，此时的等效电路如图 3-4（a）所示。

（2）当控制输出 0 时，N-MOS 管闭合，GPIO 引脚输出低电平，此时的等效电路如图 3-4（b）所示。

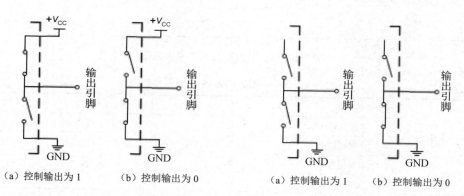

（a）控制输出为 1　　（b）控制输出为 0　　　　（a）控制输出为 1　　（b）控制输出为 0

图 3-3　GPIO 引脚推挽输出驱动部分等效电路　　图 3-4　GPIO 引脚开漏输出驱动部分等效电路

开漏输出模式一般应用在 I²C、SMBUS 通信等需要"线与"功能的总线电路中。除此之外，开漏输出模式还用于电平不匹配的场合，比如，当需要输出 5V 的高电平时，就可以在外部接一个上拉电阻，上拉电源为 5V，并且把 GPIO 引脚设置为开漏输出模式，当输出高阻态时，由上拉电阻和电源向外输出 5V 电平，如图 3-5 所示。值得注意的是，并非所有的 GPIO 引脚都可以用这种方法输出 5V 高电平，只有在 Datasheet 手册上标有"FT"，即具备 5V Tolerant（5V 容忍）特性的 GPIO 引脚才可以。

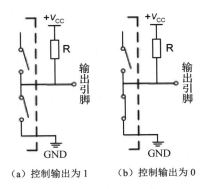

（a）控制输出为 1　　　（b）控制输出为 0

图 3-5　开漏输出外接上拉电阻示意图

在使用 GPIO 引脚输出驱动 LED、数码管等电流型元器件时，应充分考虑 GPIO 引脚的电流输入/输出的负荷能力，一般单个 GPIO 引脚的电流不应超过 25mA，而芯片总电流不应超过 150mA，详情请参考 Datasheet 手册。在实际使用的时候，单个 GPIO 引脚的电流宜控制在 10mA 以下。

复用输出模式与通用输出模式类似，不同的是复用输出模式设定的是当 STM32 单片机引脚作为第二功能（如作为 USART、I²C 或 SPI 总线输出）时的工作状态。

3.1.2　使用 STM32CubeIDE 编写 STM32 单片机 C 程序

双击 STM32CubeIDE 的图标 启动软件，其主界面如图 3-6 所示。

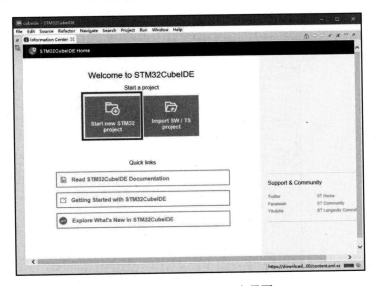

图 3-6　STM32CubeIDE 主界面

单击 STM32CubeIDE 主界面中的"Start new STM32 project"（开始新建 STM32 工程）按钮，进入如图 3-7 所示的 STM32 单片机型号选择界面。也可以在 STM32CubeIDE 主界面菜单栏中依次选择"File"（文件）→"New"（新建）→"STM32 Project"（STM32 工程）选项，新建工程。

图 3-7　STM32 单片机型号选择界面

在 STM32 单片机型号选择界面的搜索框中输入单片机型号，如"STM32F103R6"或"103R6"，列表中显示了 TFBGA64、LQFP64 两种封装，由于实验板选择了 LQFP64 封装的芯片，因此可以选择"LQFP64"选项，单击"Next"（下一步）按钮打开如图 3-8 所示的工程路径设定界面。

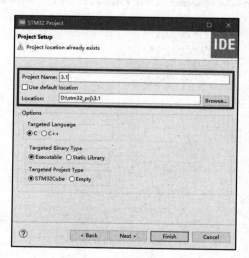

图 3-8　工程路径设定界面

取消选中"Use default location"（使用默认位置）复选框，设定新工程名称及其所在路径，单击"Finish"（完成）按钮进入如图 3-9 所示的 STM32 单片机参数图形化配置界面。

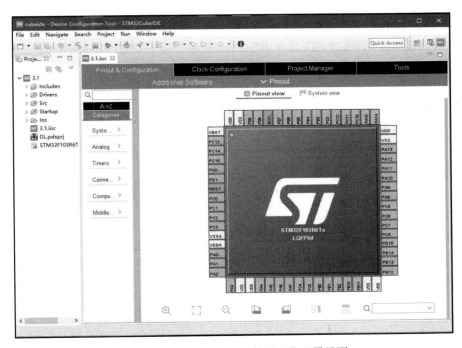

图 3-9　STM32 单片机参数图形化配置界面

单击芯片模型图的引脚 PC0，将其设定为"GPIO_Output"（GPIO 输出）模式，如图 3-10 所示。

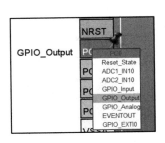

图 3-10　修改引脚的输入/输出类型

在 STM32CubeIDE 工具栏中单击 ⚙ （元器件设定工具代码生成）按钮，一键自动生成初始化代码。代码生成完毕后，打开 STM32CubeIDE 左侧目录树中的"Src"（Source Code 的缩写，源代码）文件夹，打开工程主文件 main.c，在生成代码的基础上继续编程，如图 3-11 所示。

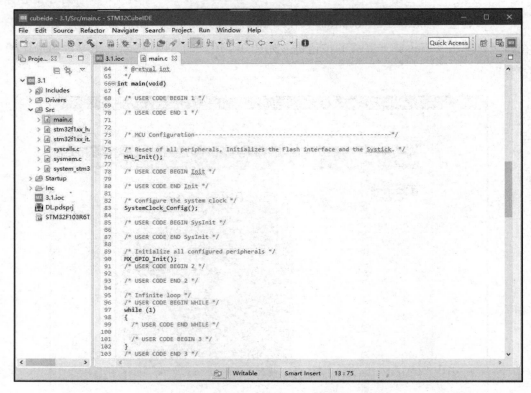

图 3-11　STM32CubeIDE 代码编辑界面

值得注意的是，应尽量养成在"USER CODE BEGIN"（用户代码开始）与"USER CODE END"（用户代码结束）注释保护区之间编程的习惯，否则当人们重新进入 STM32 单片机参数图形化配置界面修改配置参数再重新生成代码时，注释保护区以外部分的代码会被全部自动删除。

STM32CubeIDE 默认不会自动生成 HEX 文件，在 IDE 主界面菜单栏中依次选择"Project"（工程）→"Properties"（属性）选项，打开如图 3-12 所示的属性对话框，在该属性对话框中依次选择"C/C++ Build"（C/C++生成）→"Settings"（设置）→"Tool Settings"（工具设置）→"MCU Post build outputs"（单片机编译后输出）选项，选中"Convert to Intel Hex file(-O ihex)"（转换为英特尔 HEX 文件）复选框并保存，回到 STM32CubeIDE 主界面后单击 ✎（生成）按钮，即可在源代码编译成功后输出 HEX 文件。

本项目为了简化流程，没有对单片机的振荡源进行选择，而是使用了默认的内部 RC 振荡器；也没有对 GPIO 引脚的输出模式进行选择，而是使用了默认的推挽输出模式，读者可以根据自身需要对这些参数进行修改。

图 3-12 STM32CubeIDE 生成 HEX 文件设置

3.1.3 使用 ISP 方式下载程序

程序编写完成后，可以在 STM32CubeIDE 中通过 ST-LINK 或 J-LINK 仿真器将程序下载到 STM32 单片机中仿真调试，也可以使用 ISP 工具将程序下载到 STM32 单片机电路运行验证，本书采用 ISP 方式下载程序，操作步骤如下。

（1）先将单片机实验板断电，接着根据任务要求用杜邦线连接好电路，将单片机实验板与计算机通过 USB 数据线相连。

（2）将图 1-6 电路中的拨动开关 SW1 拨到+3.3V 挡，进入"系统存储器启动"模式，即 ISP 模式，为单片机实验板通电。

（3）运行 STM32 ISP 工具 Flash Loader Demonstrator，如图 3-13 所示。选择与单片机实验板连接的串口，单击"Next"（下一步）按钮。

（4）如图 3-14 所示，检测到单片机实验板的 Flash ROM 大小，继续单击"Next"（下一步）按钮。

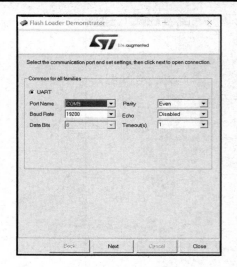

图 3-13　ISP 工具画面 1

图 3-14　ISP 工具画面 2

（5）如图 3-15 所示，检测到单片机实验板的家族系列，在此界面可以清楚地看到 Flash ROM 中每一页的地址范围及大小，继续单击"Next"（下一步）按钮。

（6）如图 3-16 所示，单击"Download to device"（下载到设备）单选按钮，并选择下载的单片机程序所在的路径，单击"Erase necessary pages"（擦除所需页）单选按钮，继续单击"Next"（下一步）按钮。

图 3-15　ISP 工具画面 3

图 3-16　ISP 工具画面 4

（7）如图 3-17 所示，开始下载程序并显示程序下载的进度，当程序下载完成后，显示"Download operation finished successfully"（下载操作成功完毕），并且进度条显示颜色为绿色，单击"Close"（关闭）关闭整个 ISP 工具。

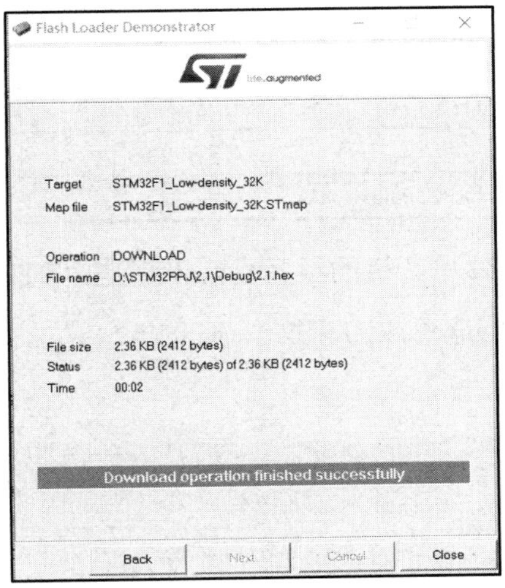

图 3-17　ISP 工具画面 5

（8）程序下载完成后，将图 1-6 中的拨动开关 SW1 拨到悬空挡，此时 BOOT0 引脚通过下拉电阻 R2 输入低电平，按下 RST（复位）按钮或重新上电后，STM32 单片机引导进入"从主闪存启动"模式，即用户程序运行模式，此时读者可直接观察到程序运行的效果。

3.1.4　任务程序的编写

由 STM32CubeIDE 图形化配置工具生成的工程已经包含了基于 HAL/LL 库的初始化代码，需要利用 HAL/LL 库中的 API（Application Programming Interface，应用程序编程接口）函数做进一步的开发。STM32F1xx 系列单片机的 HAL/LL 库的说明文档可以在 ST 官网搜索编号为"UM1850"的 PDF 文档。

本任务需要使用的 API 函数如下。

（1）HAL_GPIO_TogglePin 函数：

函数	void HAL_GPIO_TogglePin (GPIO_TypeDef * GPIOx, uint16_t GPIO_Pin)
功能简述	引脚输出状态翻转函数
形参	GPIOx：GPIO 组，如 GPIOA、GPIOB、GPIOC……
	GPIO_Pin：GPIO 引脚，如 GPIO_Pin_0、GPIO_Pin_1、GPIO_Pin_2、……、GPIO_Pin_All
返回值	无
应用举例	HAL_GPIO_TogglePin(GPIOC,GPIO_PIN_0);　　//将 PC0 引脚输出状态取反

（2）HAL_Delay 函数：

函数	void HAL_Delay (__IO uint32_t Delay)
功能简述	软件延时函数
形参	Delay：延时时间，单位为毫秒
返回值	无
应用举例	HAL_Delay (500);　//延时 500ms（0.5s）

由于本书涉及的 STM32 单片机的很多 C 代码都是由 STM32CubeIDE 自动生成的，因此特别将手动编写的代码底色改为灰色。

main.c 程序：

```c
#include "main.h"
void SystemClock_Config(void);
static void MX_GPIO_Init(void);
int main(void)
{
  HAL_Init();
  SystemClock_Config();
  MX_GPIO_Init();
  /* USER CODE BEGIN WHILE */
  while (1)
  {
    HAL_GPIO_TogglePin(GPIOC,GPIO_PIN_0);    //输入的第一条代码，翻转 PC0 输出状态
    HAL_Delay (500);   //输入的第二条代码，延时 500ms
    /* USER CODE END WHILE */
  }
}

void SystemClock_Config(void)
{
  ……
}

static void MX_GPIO_Init(void)
{
  ……
}

void Error_Handler(void)
{
}
```

```
#ifdef USE_FULL_ASSERT
void assert_failed(uint8_t *file, uint32_t line)
{
}
#endif
```

可以看出，main.c 程序中的程序框架、初始化代码在配置完成之后已经生成，读者只需要添加 2 条代码（灰色标出）即可完成程序的编写。

特别需要强调的是，在接下来的任务中，大部分代码均由 STM32CubeIDE 图形化配置工具自动生成，为了区分自动代码与手动输入的代码，手动输入的代码均用灰色背景标出。

3.2 按键输入

能力目标

理解单片机 GPIO 引脚的 3 种主要输入类型，掌握使用 Proteus 仿真单片机电路的方法。

任务目标

按钮控制 LED 亮灭仿真电路如图 3-18 所示，LED0 接 PC0，BTN0 接 PC1，要求通过按钮 BTN0 控制 LED0 的亮灭。

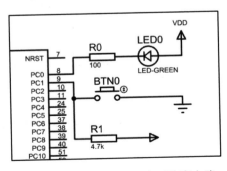

图 3-18　按钮控制 LED 亮灭仿真电路

3.2.1 STM32 单片机的 GPIO 引脚及其输入类型

如表 3-1 所示，STM32 单片机的 GPIO 引脚具有 4 种通用输入模式，其中模拟输入模式仅限于具有 ADC（Analog to Digital Converter，模数转换器）输入功能的 GPIO 引脚，这里重点介绍其余 3 种输入模式。

（1）浮空输入。

在浮空输入模式下，图 3-2 中的输入驱动器（Input driver）部分上拉电阻与下拉电阻全部断开，输入电平由外部信号决定。若 GPIO 引脚与外部电路断开，则 GPIO 引脚悬空，输入状态不确定。

（2）下拉输入。

在下拉输入模式下，图 3-2 中的输入驱动器（Input driver）部分上拉电阻断开，下拉电阻接通，输入电平由外部信号决定。若 GPIO 引脚与外部电路断开，则 GPIO 引脚输入状态由下拉电阻拉到低电平。

（3）上拉输入。

在上拉输入模式下，图 3-2 中的输入驱动器（Input driver）部分上拉电阻接通，下拉电阻断开，输入电平由外部信号决定。若 GPIO 引脚与外部电路断开，则 GPIO 引脚输入状态由上拉电阻拉到高电平。

STM32 单片机内部的下拉电阻与上拉电阻取值为 30~50kΩ，属于弱下拉输入设计与弱上拉输入设计。在通常情况下，选择下拉输入或上拉输入模式，但有时候需要强下拉或强上拉输入设计，这时可以采用浮空输入模式，人为外接一个阻值较小的下拉电阻或上拉电阻，如图 3-18 中的 PC1 引脚采用的就是外接上拉电阻设计。

3.2.2　Proteus 的电路仿真

Proteus 是一个功能强大的 EDA 工具，这里我们仅使用它的电路仿真功能，主要操作流程如下。

第一步，运行程序并新建工程。双击程序图标，打开如图 3-19 所示的 Proteus 8.8 主界面。

在 Proteus 8.8 主界面 Start 界面中选择"New Project"（新建工程）选项，也可以依次选择菜单栏中的"File"（文件）→"New Project"（新建工程）选项，进入新建工程向导，单击"Next"（下一步）按钮，采用默认设置，直到打开 Proteus 8.8 电路编辑与仿真界面，如图 3-20 所示。

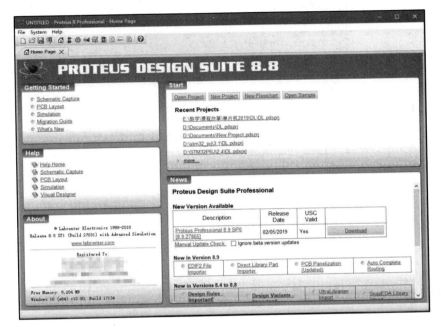

图 3-19　Proteus 8.8 主界面

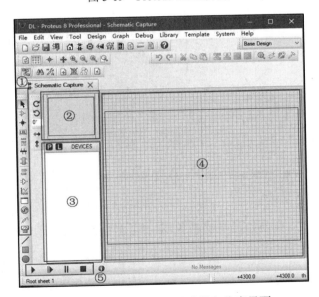

图 3-20　Proteus 8.8 电路编辑与仿真界面

图 3-20 中的 5 部分介绍如下。

① 为模式按钮栏,是 Proteus 电路编辑最重要的按钮栏,其中包含许多实用按钮,如图 3-21 所示。

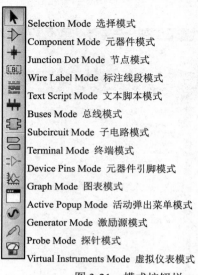

Selection Mode 选择模式

Component Mode 元器件模式

Junction Dot Mode 节点模式

Wire Label Mode 标注线段模式

Text Script Mode 文本脚本模式

Buses Mode 总线模式

Subcircuit Mode 子电路模式

Terminal Mode 终端模式

Device Pins Mode 元器件引脚模式

Graph Mode 图表模式

Active Popup Mode 活动弹出菜单模式

Generator Mode 激励源模式

Probe Mode 探针模式

Virtual Instruments Mode 虚拟仪表模式

图 3-21　模式按钮栏

这里仅对常用的选择模式、元器件模式、标注线段模式、终端模式和虚拟仪表模式进行介绍。

- 选择模式，即光标模式，一般用于退出其他模式。

- 元器件模式，用于管理元器件库及从元器件库中拾取元器件作为编辑电路的素材。

- 标注线段模式，一般用于复杂电路设计，当电路中某 2 个或多个引脚需要用导线连接时，可以使用该功能将这 2 个或多个引脚标注为同一个网络编号而无须连线，但效果等同于连线，这样做可以使电路原理图看起来整洁。

- 终端模式，常用于向电路中添加 POWER（电源，即 VCC）与 GROUND（地，即 GND）电位节点。

- 虚拟仪器模式，向电路添加虚拟仪器，如逻辑分析仪、信号发生器、示波器、电压表、电流表等。

② 为预览窗口，当选中元器件池内的元器件时，显示为元器件；当未选中元器件时，显示为电路缩略图。

③ 为元器件池，向当前编辑的电路中添加的元器件必须先从元器件库中拾取并放入元器件池内。元器件池可以理解为活动元器件列表。

④ 为电路编辑与仿真窗口，在实线框内绘制电路原理图，在绘制过程中，滚动鼠标滚轮，画面会以光标为中心放大或缩小。

⑤ 为仿真按钮，4 个按钮的功能从左往右分别是开始仿真、单步调试（不常用）、暂停仿真与停止仿真。一旦开始仿真，电路就不能被编辑。

第二步，从元器件库中拾取编辑电路所需要的元器件。单击模式按钮栏中的 ⤙（元器件模式）按钮，打开如图 3-22 所示的拾取元器件对话框，在"Keywords"（关键词）搜索栏中输入元器件名称，随即在"Result"（结果）栏中显示搜索的元器件信息，双击选中的搜索结果将该元器件添加到电路编辑界面的元器件池内。值得注意的是，只有在预览窗口内显示"Schematic Model"（原理图模型）字样的元器件才具有仿真功能。

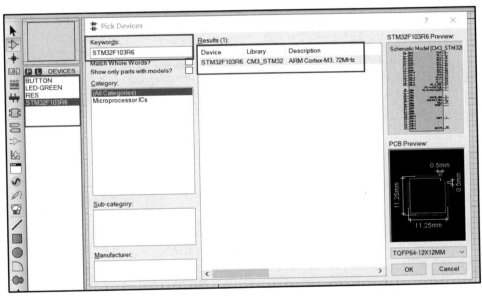

图 3-22　拾取元器件对话框

反复执行此操作，直到将所需元器件全部添加到元器件池后关闭拾取元器件对话框。

第三步，放置元器件并修改元器件参数。在元器件池中依次选择所需元器件并将其摆放到主界面中心图纸上，如图 3-23 所示。依次选中图纸上的元器件，右击，在弹出的快捷菜单中选择"Edit Properties"（编辑属性）命令，打开如图 3-24 所示的编辑元器件属性对话框，修改参数后单击"OK"按钮，退出该对话框。

第四步，电路连线。单击模式按钮栏中的 ⊟（终端模式）按钮，在终端列表中分别选择 POWER、GROUND 并将它们添加到图纸中，完成电路连线，如图 3-25 所示。

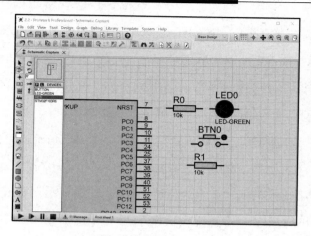

图 3-23　放置元器件

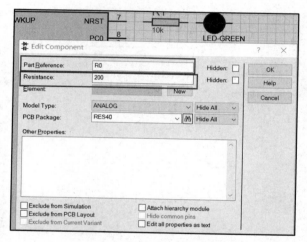

图 3-24　编辑元器件属性对话框

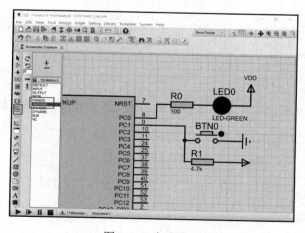

图 3-25　电路连线

　　第五步，设定电源正负极参数。在 Proteus8.8 主界面中的菜单栏中依次选择"Design"（设计）→ "Configure Power Rails"（配置电源轨）选项，打开电源轨配置对话框，如图 3-26 所示。在电源轨配置对话框中，需要将电源正极由 5V 改为 3.3V；将模拟量电源正极 VDDA 与模拟量电源负极 VSSA 分别添加到 VCC/VDD 网络与 GND 网络中，否则单片机无法仿真，如图 3-27 和图 3-28 所示。

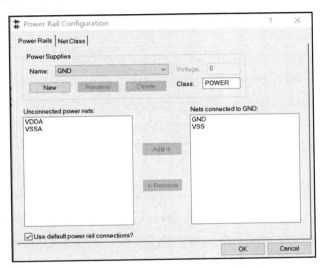

图 3-26　电源轨配置对话框

图 3-27　电源轨配置高电平

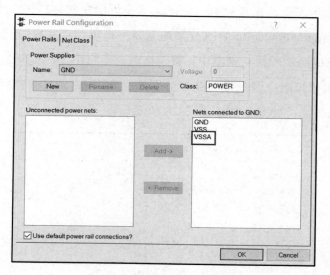

图 3-28　电源轨配置低电平

　　第六步，为仿真电路添加单片机程序。当程序编写完成后，选择电路原理图中的单片机并右击，在弹出的快捷菜单中选择"Edit Properties"命令，打开如图 3-29 所示的单片机属性编辑对话框，单击该对话框中的■按钮，选择 HEX 文件所在路径并保存。此步骤相当于为单片机下载程序。

　　第七步，运行仿真。单击 ▶（开始运行）按钮即可开始仿真。Proteus 电路仿真效果如图 3-30 所示。

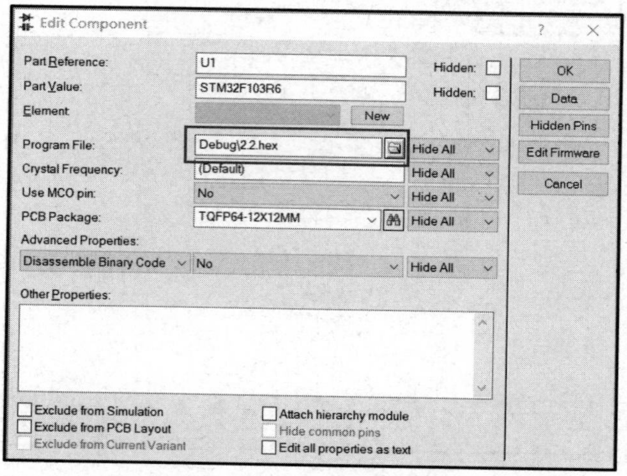

图 3-29　单片机属性编辑对话框

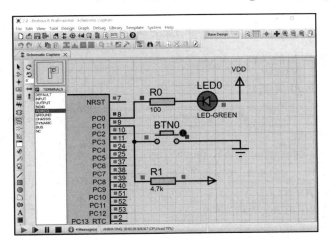

图 3-30　Proteus 电路仿真效果

3.2.3　任务程序的编写

本任务实际电路中使用的按钮为轻触按钮，如图 3-31 所示，其结构示意图如图 3-32 所示。当用力按下绝缘按钮帽 A 时，金属箔 B 受压向下产生形变，触点 C、D 接通；当松开绝缘按钮帽 A 时，金属箔 B 恢复初始状态，触点 C、D 由通路状态恢复断路状态。金属箔 B 在通断瞬间在机械振动的作用下会出现 10ms 左右的通断不稳定状态，如图 3-33 所示，其中 $t1$ 为接通瞬间，$t2$ 为断路瞬间。为了消除金属箔 B 不稳定状态对单片机产生的影响，一般采用最经济也是最常见的“延时消抖”方法。以图 3-18 电路为例，“延时消抖”指在单片机捕捉到其输入/输出引脚输入电平由 0 变为 1 时，即调用 20ms 延时程序，然后判断该输入/输出引脚电平是否依然保持为 1，若是则说明轻触按钮真的被按下。

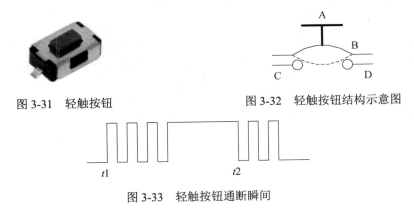

图 3-31　轻触按钮　　　　　　　图 3-32　轻触按钮结构示意图

图 3-33　轻触按钮通断瞬间

仿真电路中的轻触按钮不存在抖动问题，无须考虑消抖措施。

本任务需要使用新的 API 函数。

HAL_GPIO_ReadPin 函数：

函数名	GPIO_PinState HAL_GPIO_ReadPin (GPIO_TypeDef * GPIOx, uint16_t GPIO_Pin)
功能简述	读引脚函数
形参	GPIOx：GPIO 组，如 GPIOA、GPIOB、GPIOC……
	GPIO_Pin：GPIO 引脚，如 GPIO_Pin_0、GPIO_Pin_1、GPIO_Pin_2、……、GPIO_Pin_All
返回值	返回引脚状态： GPIO_BIT_RESET 表示复位状态； GPIO_BIT_SET 表示置位状态
应用举例	GPIO_PinState x = HAL_GPIO_ReadPin(GPIOC,GPIO_PIN_1); //读取 PC1 引脚输入状态

main.c 程序：

```
#include "main.h"
void SystemClock_Config(void);
static void MX_GPIO_Init(void);
int main(void)
{
  HAL_Init();
  SystemClock_Config();
  MX_GPIO_Init();
  while (1)
  {
      if(HAL_GPIO_ReadPin(GPIOC,GPIO_PIN_1)==0)  //判断按钮是否按下
      {
          HAL_Delay(20);  //软件消抖
          if(HAL_GPIO_ReadPin(GPIOC,GPIO_PIN_1)==0) //再次判断按钮是否按下
          {
              HAL_GPIO_TogglePin(GPIOC,GPIO_PIN_0);  //输出电平翻转
              while(HAL_GPIO_ReadPin(GPIOC,GPIO_PIN_1)==0);  //阻塞
              HAL_Delay(20);  //软件消抖
          }
      }
  }
}
......
```

3.3　流水灯之软件延时

能力目标

理解并掌握通过改进算法提高编程效率的方法。

任务目标

LED 流水灯仿真电路如图 3-34 所示，要求实现流水灯效果，即按 LED0~LED7 的顺序依次点亮，每次仅限 1 个 LED 发光，周期为 4 秒。

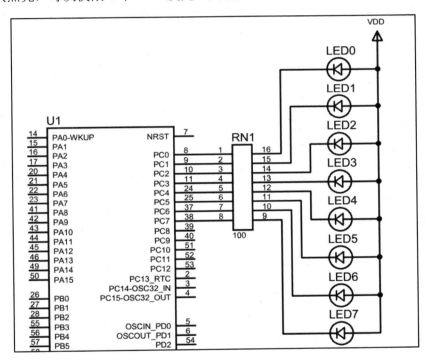

图 3-34　LED 流水灯仿真电路

LED 流水灯仿真电路中的虚拟元器件如表 3-2 所示。

表 3-2　LED 流水灯仿真电路中的虚拟元器件

名　　称	说　　明
STM32F103R6	单片机
RX8	排阻
LED-GREEN	绿色发光二极管

3.3.1 程序算法

算法（Algorithm）是指解决方案准确而完整的描述，是一系列解决问题的清晰指令，算法代表着用系统的方法描述解决问题的策略机制。简单来讲，程序算法就是编写程序的指导思想。

初学者可能第一时间想到的算法就是点亮一个 LED，熄灭后再点亮下一个 LED……以此类推，循环往复。我们不妨称这个算法为"位操作法"，它虽然简单直白，但不具备普遍适用性，如果现在 LED 的个数不是 8 个而是 16 个甚至更多个，那么程序的代码量将会成倍增加，这个算法就显得笨拙不堪了。

下面介绍两种比较合理的程序算法，即查表法与移位法，这两种算法都需要结合有限次循环结构来实现流水灯效果。

（1）查表法。

查表法是一种十分实用的程序算法，不仅在该任务中可以使用，在后续的章节也会陆续用到这种算法。不妨以本任务为例简述查表法的思路，8 个输出点 PC0~PC7 刚好构成一字节，不妨定义 PC0~PC7 为低位至高位的顺序，将流水灯的 8 个状态定义为八字节。LED 流水灯状态字节如表 3-3 所示。

表 3-3　LED 流水灯状态字节

状态字节（二进制）	状态字节（十六进制）	状态字节（二进制）	状态字节（十六进制）
1111,1110	FE	1110,1111	EF
1111,1101	FD	1101,1111	DF
1111,1011	FB	1011,1111	BF
1111,0111	F7	0111,1111	7F

查表法结合有限次循环结构即可实现流水灯效果。

（2）移位法。

移位法是利用 C 语言的移位运算符"<<"">>"实现状态字节的循环移位的。但由于 C 语言的移位运算符只能实现单向移位（移出位丢弃，空白位补 0），因此必须通过一定的算法来间接实现状态字节的循环移位，具体的做法是：假设 M 位数据 A 需要循环左移 N 位（M>N），先将 A 左移 N 位得到 B，再将 A 右移 M–N 位得到 C，最后将 A、B 按位求或即可获得最终结果。

例如，8 位二进制数各位均用字母表示为"ABCDEFGH"，需要循环左移 3 位，可先将原数左移 3 位，得到"DEFGH000"；再将原数右移 5 位，得到"00000ABC"；最后将两数按位求或即可得到循环左移 3 位的结果"DEFGHABC"。

3.3.2　任务程序的编写

任务程序分别采用位操作法、查表法与移位法编写，使用的新 API 函数如下。

HAL_GPIO_WritePin 函数：

函数	void HAL_GPIO_WritePin (GPIO_TypeDef * GPIOx, uint16_t GPIO_Pin, GPIO_PinState PinState)
功能简述	写引脚函数
形参	GPIOx：GPIO 组，如 GPIOA、GPIOB、GPIOC……
	GPIO_Pin：GPIO 引脚，如 GPIO_Pin_0、GPIO_Pin_1、GPIO_Pin_2、……、GPIO_Pin_All
	PinState：输出状态，0 表示复位状态；1 表示置位状态
返回值	无
应用举例	HAL_GPIO_WritePin(GPIOC,GPIO_PIN_0,GPIO_BIT_RESET);　//PC0 引脚输出低电平

LL_GPIO_WriteOutputPort 函数：

函数	__STATIC_INLINE void LL_GPIO_WriteOutputPort(GPIO_TypeDef * GPIOx, uint32_t PortValue)
功能简述	写端口函数
形参	GPIOx：GPIO 组，如 GPIOA、GPIOB、GPIOC……
	PortValue：输出到端口的值
返回值	无
应用举例	LL_GPIO_WriteOutputPort(GPIOC,0xfffffffe);　//整个 PC 端口只有 PC0 引脚输出低电平

值得注意的是，HAL_GPIO_WritePin 函数属于 HAL 库，LL_GPIO_ WriteOutputPort 函数属于 LL 库，这两个库只能二选一，默认选择为 HAL 库。若读者需要使用 LL_GPIO_ WriteOutputPort 函数，则必须在如图 3-35 所示的驱动选择器界面中将 GPIO 引脚的驱动库改为 LL 库。

驱动选择器界面打开方法为，首先打开图形化配置界面，然后依次选择"Project Manager"（工程管理器）→"Advanced Setting"（高级设置）选项。

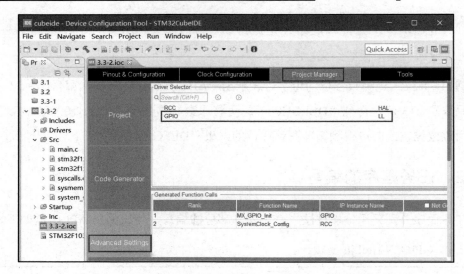

图 3-35   驱动选择器界面

（1）采用位操作法编写的程序：

```
#include "main.h"
void SystemClock_Config(void);
static void MX_GPIO_Init(void);
int main(void)
{
  HAL_Init();
  SystemClock_Config();
  MX_GPIO_Init();
  /* USER CODE BEGIN WHILE */
  while (1)
  {
      //LED0 亮
      HAL_GPIO_WritePin(GPIOC,GPIO_PIN_7,1);
      HAL_GPIO_WritePin(GPIOC,GPIO_PIN_0,0);
      HAL_Delay(500);
      //LED1 亮
      HAL_GPIO_WritePin(GPIOC,GPIO_PIN_0,1);
      HAL_GPIO_WritePin(GPIOC,GPIO_PIN_1,0);
      HAL_Delay(500);
      //LED2 亮
      HAL_GPIO_WritePin(GPIOC,GPIO_PIN_1,1);
      HAL_GPIO_WritePin(GPIOC,GPIO_PIN_2,0);
      HAL_Delay(500);
      //LED3 亮
      HAL_GPIO_WritePin(GPIOC,GPIO_PIN_2,1);
      HAL_GPIO_WritePin(GPIOC,GPIO_PIN_3,0);
```

```
        HAL_Delay(500);
        //LED4 亮
        HAL_GPIO_WritePin(GPIOC,GPIO_PIN_3,1);
        HAL_GPIO_WritePin(GPIOC,GPIO_PIN_4,0);
        HAL_Delay(500);
        //LED5 亮
        HAL_GPIO_WritePin(GPIOC,GPIO_PIN_4,1);
        HAL_GPIO_WritePin(GPIOC,GPIO_PIN_5,0);
        HAL_Delay(500);
        //LED6 亮
        HAL_GPIO_WritePin(GPIOC,GPIO_PIN_5,1);
        HAL_GPIO_WritePin(GPIOC,GPIO_PIN_6,0);
        HAL_Delay(500);
        //LED7 亮
        HAL_GPIO_WritePin(GPIOC,GPIO_PIN_6,1);
        HAL_GPIO_WritePin(GPIOC,GPIO_PIN_7,0);
        HAL_Delay(500);
/* USER CODE END WHILE */
  }
}
......
```

（2）采用查表法编写的程序：

```
#include "main.h"
/* USER CODE BEGIN PV */
uint8_t Status[]={0xfe,0xfd,0xfb,0xf7,0xef,0xdf,0xbf,0x7f};    //八状态字节
/* USER CODE END PV */
void SystemClock_Config(void);
static void MX_GPIO_Init(void);
int main(void)
{
  /* USER CODE BEGIN 1 */
    uint8_t i;  //循环变量
  /* USER CODE END 1 */
  HAL_Init();
  SystemClock_Config();
  MX_GPIO_Init();
  /* USER CODE BEGIN WHILE */
  while (1)
  {
      for(i=0;i<8;i++)
    {
          LL_GPIO_WriteOutputPort(GPIOC,Status[i]);    //状态字节的输出
          HAL_Delay(500);
    }
```

```
    /* USER CODE END WHILE */
  }
}
……
```

（3）采用移位法编写的程序：

```
#include "main.h"
void SystemClock_Config(void);
static void MX_GPIO_Init(void);
int main(void)
{
  /* USER CODE BEGIN 1 */
    uint8_t i,dat=0xfe;  //循环变量、输出状态字节初始状态
  /* USER CODE END 1 */
  HAL_Init();
  SystemClock_Config();
  MX_GPIO_Init();
  /* USER CODE BEGIN WHILE */
  while (1)
  {
      for(i=0;i<8;i++) //8 次循环
      {   //移位、输出一步完成
          LL_GPIO_WriteOutputPort(GPIOC,(dat<<i)|(dat>>(8-i)));
          HAL_Delay(500);
      }
  /* USER CODE END WHILE */
  }
}
……
```

　　对比采用以上 3 种算法编写的程序，显然采用位操作法编写的程序最直观，代码量也最多。采用查表法与移位法编写的程序代码量相当，但采用查表法编写的程序提前将各状态字节进行人工计算形成了数表（这里就是字节数组），因此相比于采用移位法编写的程序大大降低了 CPU 的运算负荷。在这个任务中，查表法与移位法都不失为优秀的程序算法，值得读者学习和推敲。

　　另外，细心的读者应该已经发现上述程序中在定义变量的时候使用了第 2 篇未介绍过的关键字"uint8_t"，这是因为意法半导体公司对 C 语言的数据类型进行了重命名，"uint8_t"表示无符号 8 位整型数据，等效为"unsigned char"。同样，"int8_t"等效为"char"，与此类似的还有"int16_t""uint16_t""int32_t""uint32_t""int64_t""uint64_t"，相比于 C 语言原始的字符型关键字与整型关键字，这样能更好地表达数据类型的长度，

建议读者在编写 STM32 单片机程序的时候，尽可能使用意法半导体公司重新定义的数据类型名。

3.4 数码管动态显示

能力目标

在理解数码管工作原理与多位数码管电路构成的基础上，理解并掌握多位数码管动态显示字符的程序编写方法。

任务目标

8 位数码管动态显示仿真电路如图 3-36 所示，要求编程实现 8 位数码管依次分别显示十进制数字 1～8。

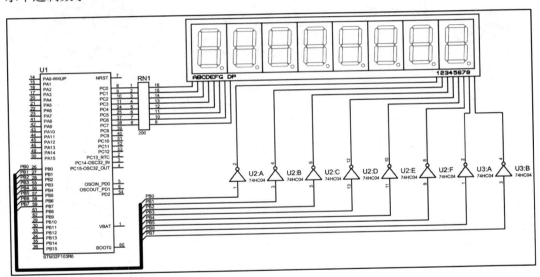

图 3-36 8 位数码管动态显示仿真电路

8 位数码管动态显示仿真电路中的虚拟元器件如表 3-4 所示。

表 3-4 8 位数码管动态显示仿真电路中的虚拟元器件

名　　称	说　　明
STM32F103R6	单片机
RX8	排阻
7SEG-MPX8-CA-BLUE	8 位蓝色共阳极七段数码管显示器
74HC04	非门电路

3.4.1 数码管的结构

数码管显示器（简称数码管）是一种常见的显示元器件，由于其显示清晰、价格低廉，因此得到了广泛应用。如图 3-37 所示，按照显示字符划分，常见的数码管有七段数码管、米字数码管、点阵数码管等。

本节仅为读者介绍七段数码管，它由 7 个或 8 个（多 1 个小数点位 dp 位）发光二极管组成，通过控制发光二极管的发光状态达到显示数字或字符的目的。根据发光二极管连接方式的不同，七段数码管又可分为共阳极数码管与共阴极数码管两种，如图 3-38 所示。

（a）七段数码管

（b）米字数码管

（c）点阵数码管

图 3-37　显示不同字符的数码管

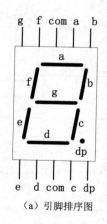
（a）引脚排序图

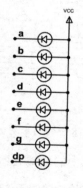
（b）共阳极数码管结构示意图

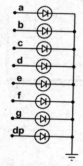
（c）共阴极数码管结构示意图

图 3-38　七段数码管的结构示意图

显然，共阳极数码管采用低电平驱动，而共阴极数码管采用高电平驱动。不妨假设数码管的 8 个输入点 a～dp 按由低位到高位的顺序构成一字节，其段码即驱动编码，如表 3-5 所示。

表 3-5　数码管段码

显示字符	共阳极数码管段码		共阴极数码管段码	
	二进制段码 dp g f e d c b a	十六进制段码	二进制段码 dp g f e d c b a	十六进制段码
全灭	1 1 1 1 1 1 1 1	FFH	0 0 0 0 0 0 0 0	00H
0	1 1 0 0 0 0 0 0	C0H	0 0 1 1 1 1 1 1	3FH
1	1 1 1 1 1 0 0 1	F9H	0 0 0 0 0 1 1 0	06H
2	1 0 1 0 0 1 0 0	A4H	0 1 0 1 1 0 1 1	5BH
3	1 0 1 1 0 0 0 0	B0H	0 1 0 0 1 1 1 1	4FH
4	1 0 0 1 1 0 0 1	99H	0 1 1 0 0 1 1 0	66H
5	1 0 0 1 0 0 1 0	92H	0 1 1 0 1 1 0 1	6DH
6	1 0 0 0 0 0 1 0	82H	0 1 1 1 1 1 0 1	7DH
7	1 1 1 1 1 0 0 0	F8H	0 0 0 0 0 1 1 1	07H
8	1 0 0 0 0 0 0 0	80H	0 1 1 1 1 1 1 1	7FH
9	1 0 0 1 0 0 0 0	90H	0 1 1 0 1 1 1 1	6FH
A	1 0 0 0 1 0 0 0	88H	0 1 1 1 0 1 1 1	77H
B	1 0 0 0 0 0 1 1	83H	0 1 1 1 1 1 0 0	7CH
C	1 1 0 0 0 1 1 0	C6H	0 0 1 1 1 0 0 1	39H
D	1 0 1 0 0 0 0 1	A1H	0 1 0 1 1 1 1 0	5EH
E	1 0 0 0 0 1 1 0	86H	0 1 1 1 1 0 0 1	79H
F	1 0 0 0 1 1 1 0	8EH	0 1 1 1 0 0 0 1	71H

3.4.2　数码管的静态显示与动态显示

（1）数码管的静态显示。

数码管静态显示电路如图 3-39 所示，使用 7 个或 8 个 GPIO 引脚驱动 1 位数码管，这是数码管最简单的驱动方式，适用于数码管位数不多的情况。

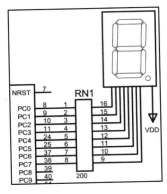

图 3-39　数码管静态显示电路

　　由于数码管属于电流驱动型元器件，有时为了减轻 STM32 单片机的负荷，可以考虑采用锁存器间接驱动数码管，如图 3-40 所示，采用了 74HC573 锁存器。除了锁存器间接驱动，还可以采用更为直接的做法，即采用硬件译码器，如图 3-41 所示，采用了 74LS247 译码器。关于 74HC573 锁存器与 74LS247 译码器的使用说明，读者可自行查阅相关资料。

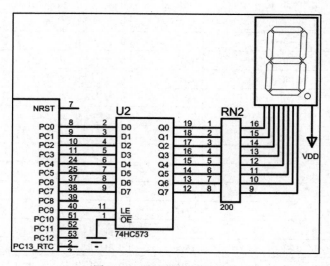

图 3-40　锁存器驱动数码管

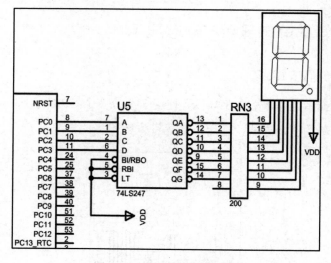

图 3-41　译码器驱动数码管

（2）数码管的动态显示。

　　在实际应用中，有时需要使用多位数码管，为节约 GPIO 引脚，通常选择动态显示方案。数码管动态显示电路如图 3-36 所示。数码管动态显示即多位数码管的段码输入端共用同一组（7 个或 8 个）GPIO 引脚，使多位数码管按一定顺序（如从左往右）快速轮流显示字符信息的显示方式。人眼存在"视觉暂留"效应，当刷新速度够快时，这种效应会使人产生所有数码管同时发光的错觉。相关实验表明，每一位数码管显示字符的时间以 1ms 左右为宜，多个数码管均能稳定"同时"显示且抖动效果不明显。考虑到 GPIO 引脚输出电流能力有限（见 3.1 节），每一位数码管均由反相器（非门电路）输出高电平选通。

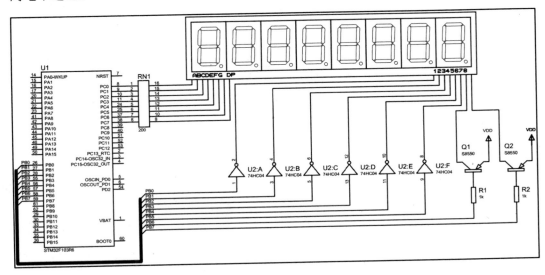

图 3-42　数码管动态显示电路

　　值得注意的是，图 3-36 中用到的反相器 74HC04 仅有 6 个通道，如果 8 位数码管全部使用反相器输出选通，那么需要使用 2 个 74HC04。出于节约的目的，数码管动态显示电路第 7、8 位数码管的选通实际上使用了 PNP 型三极管 S8550，这里将三极管用作电子开关，如图 3-42 所示。仿真电路之所以全部使用反相器而非三极管，是因为三极管作为电子开关在仿真过程中响应速度太慢，从而导致仿真效果与实际效果相差过大，这也说明了 Proteus 并不能完全仿真实际电路的运行效果。

3.4.3　任务程序的编写

　　main.c 程序：

```
#include "main.h"
/* USER CODE BEGIN PV */
```

```c
//共阳极数码管 0~9 的段码
const uint8_t SegmentCodes[]=
{
0xc0,0xf9,0xa4,0xb0,0x99,
0x92,0x82,0xf8,0x80,0x90
};
/* USER CODE END PV */
void SystemClock_Config(void);
static void MX_GPIO_Init(void);
int main(void)
{
  /* USER CODE BEGIN 1 */
    uint8_t i;  //循环变量
    uint64_t num=12345678;  //需要显示的数字
    uint8_t unit[8];  //显示数字的每一位
  /* USER CODE END 1 */
  HAL_Init();
  SystemClock_Config();
  MX_GPIO_Init();
  /* USER CODE BEGIN WHILE */
  while (1)
  {
      //8 位十进制数字每一位的分解
      unit[7]=num/10000000;
      unit[6]=num%10000000/1000000;
      unit[5]=num%1000000/100000;
      unit[4]=num%100000/10000;
      unit[3]=num%10000/1000;
      unit[2]=num%1000/100;
      unit[1]=num%100/10;
      unit[0]=num%10;
      //通过有限次循环实现数码管动态显示
      for(i=0;i<8;i++)
      {
          //熄灭所有数码管
          LL_GPIO_WriteOutputPort(GPIOB,0xff);
          //输出段码
          LL_GPIO_WriteOutputPort(GPIOC,SegmentCodes[unit[i]]);
          //选通(点亮)当前位数码管
          LL_GPIO_WriteOutputPort(GPIOB,(0x7f>>i)|(0x7f<<(8-i)));
          //延时 1ms
          HAL_Delay(1);
```

```
    }
    /* USER CODE END WHILE */
  }
}
......
```

值得注意的是，当 GPIO 引脚驱动选择使用 LL 库的时候，就不能同时使用 HAL 库，这里我们使用了与流水灯相同的算法来实现数码管的按序选通。

3.5　矩阵式键盘

能力目标

理解矩阵式键盘的电路组成及工作原理，掌握矩阵式键盘程序写编写方法。

任务目标

4×4 矩阵式键盘仿真电路如图 3-43 所示，要求编程实现当按下任意一个按钮时，数码管立即显示当前按下按钮对应的键值。

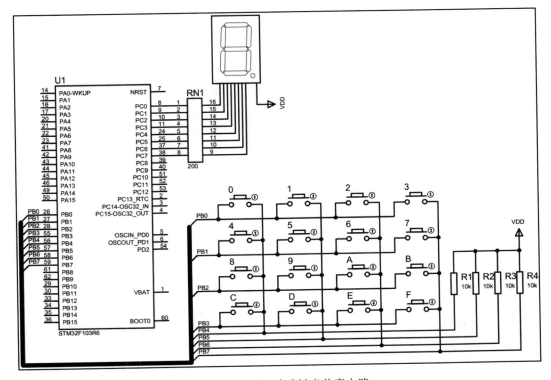

图 3-43　4×4 矩阵式键盘仿真电路

4×4 矩阵式键盘仿真电路中的虚拟元器件如表 3-6 所示。

表 3-6   4×4 矩阵式键盘仿真电路中的虚拟元器件

名　　称	说　　明
STM32F103R6	单片机
RX8	排阻
7SEG-MPX1-CA	1 位共阳极数码管显示器（红色）
RES	电阻
BUTTON	按钮

3.5.1　矩阵式键盘的电路组成

在 3.2 节中，我们介绍了一种按键的设计方法，一个按键占用一个单片机 GPIO 引脚，我们把这种按键称为独立式按键。独立式按键具有结构简单、易于实现的优点，但缺点也很明显，即一个按键需要占用一个 GPIO 引脚，因此在按键数量较多的情况下，独立式按键的设计就会使单片机 GPIO 引脚的数量显得捉襟见肘了。

4×4 矩阵式键盘的结构示意图如图 3-44 所示，共 16 个按键，分别由 4 条行线、4 条列线连接而成，每个按键的一头连接行线，另一头连接列线。如果 16 个按键全部采用独立式按键，则需要占用单片机 16 个 GPIO 引脚，而使用 4×4 矩阵式键盘，仅需要占用单片机 8 个 GPIO 引脚，按键数量越多，矩阵式键盘的优势越明显。矩阵式键盘根据行列组合的不同还可构成 3×3、3×4、……、$m×n$ 等行列组合。

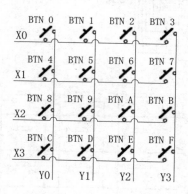

图 3-44　4×4 矩阵式键盘的结构示意图

3.5.2　矩阵式键盘的行扫描法

假定矩阵式键盘每次仅有一个按键被按下，必须通过某种算法检测具体是哪一个按键被按下了，检测方法有很多种，这里仅介绍其中较为常见的一种——行扫描法。

如图 3-43 所示，将 4×4 矩阵式键盘行线 X0～X3 连接至单片机 GPIO 引脚 PB0~PB3，键盘列线 Y0～Y3 连接至单片机 GPIO 引脚 PB4~PB7，行扫描法检测步骤如下。

第一步：初始化，所有键盘行线均输出高电平。

第二步：仅键盘行线 X0 输出低电平，检测按键 0～按键 3，若其中某个按键被按下，则相应的列线将检测到低电平。

第三步：仅键盘行线 X1 输出低电平，检测按键 4～按键 7，若其中某个按键被按下，则相应的键盘列线检测到低电平。

第四步：仅键盘行线 X2 输出低电平，检测按键 8～按键 B，若其中某个按键被按下，则相应的键盘列线检测到低电平。

第五步：仅键盘行线 X3 输出低电平，检测按键 C～按键 F，若其中某个按键被按下，则相应的键盘列线将检测到低电平。

第六步：回到第二步，继续循环检测。

值得注意的是，在图 3-43 中，R1~R4 这 4 个上拉电阻在实际电路中可以不接。这是因为目前 Proteus 不支持对 STM32 单片机上拉输入与下拉输入模式的仿真，所以在仿真时必须人为外接上拉电阻。在使用实验板调试时，可以使用 STM32 单片机内部弱上拉电阻，只需要在编程时将 GPIO 引脚 PB4~PB7 设为上拉输入模式即可。

3.5.3 任务程序的编写

即便是行扫描法这一种算法，用它编写实际程序的方法也不止一种，这里为读者介绍两种具体的程序编写方法。

（1）位操作法。

位操作法来源于早期 MCS-51 单片机基于汇编语言的矩阵式键盘程序的实现方法，这里 GPIO 引脚的驱动库选择 HAL 库。由于 HAL 库中只有对某一个 GPIO 引脚进行读写的 API 函数，而没有对整个 GPIO 端口进行读写的 API 函数，因此在编写矩阵式键盘行扫描程序的时候很容易，但是在编写数码管驱动程序的时候就很不方便了，在下面的 main.c 程序中，人为定义了一个端口输出函数——ByteOut2PC( ) 函数，结合查表法用于驱动数码管。

main.c 程序：

```c
#include "main.h"
/* Private variables ---------------------------------------------
----------*/
/* USER CODE BEGIN PV */
//共阳极数码管 0~f 的段码
const uint8_t SegmentCodes[]=
{
0xc0,0xf9,0xa4,0xb0,0x99,
0x92,0x82,0xf8,0x80,0x90,
0x88,0x83,0xc6,0xa1,0x86,0x8e
};
/* USER CODE END PV */
/* Private function prototypes -----------------------------------
----------*/
void SystemClock_Config(void);
static void MX_GPIO_Init(void);
/* USER CODE BEGIN PFP */
void ByteOut2PC(uint8_t dat);
/* USER CODE END PFP */
int main(void)
{
  /* USER CODE BEGIN 1 */
    uint8_t KeyValue=0x10;  //按下的按键
  /* USER CODE END 1 */
  HAL_Init();
  SystemClock_Config();
  MX_GPIO_Init();
  /* Infinite loop */
  /* USER CODE BEGIN WHILE */
  while (1)
  {
      //扫描第一行
      HAL_GPIO_WritePin(GPIOB,GPIO_PIN_3,1);
      HAL_GPIO_WritePin(GPIOB,GPIO_PIN_0,0);
      if(HAL_GPIO_ReadPin(GPIOB,GPIO_PIN_4)==0)
      {
          HAL_Delay(20);
          KeyValue=0;
          while(HAL_GPIO_ReadPin(GPIOB,GPIO_PIN_4)==0);
          HAL_Delay(20);
      }
      else if(HAL_GPIO_ReadPin(GPIOB,GPIO_PIN_5)==0)
      {
```

```
            HAL_Delay(20);
            KeyValue=1;
            while(HAL_GPIO_ReadPin(GPIOB,GPIO_PIN_5)==0);
            HAL_Delay(20);
        }
    else if(HAL_GPIO_ReadPin(GPIOB,GPIO_PIN_6)==0)
        {
            HAL_Delay(20);
            KeyValue=2;
            while(HAL_GPIO_ReadPin(GPIOB,GPIO_PIN_6)==0);
            HAL_Delay(20);
        }
    else if(HAL_GPIO_ReadPin(GPIOB,GPIO_PIN_7)==0)
        {
            HAL_Delay(20);
            KeyValue=3;
            while(HAL_GPIO_ReadPin(GPIOB,GPIO_PIN_7)==0);
            HAL_Delay(20);
        }
    //扫描第二行
    HAL_GPIO_WritePin(GPIOB,GPIO_PIN_0,1);
    HAL_GPIO_WritePin(GPIOB,GPIO_PIN_1,0);
    if(HAL_GPIO_ReadPin(GPIOB,GPIO_PIN_4)==0)
    {
            HAL_Delay(20);
            KeyValue=4;
            while(HAL_GPIO_ReadPin(GPIOB,GPIO_PIN_4)==0);
            HAL_Delay(20);
    }
    else if(HAL_GPIO_ReadPin(GPIOB,GPIO_PIN_5)==0)
    {
            HAL_Delay(20);
            KeyValue=5;
            while(HAL_GPIO_ReadPin(GPIOB,GPIO_PIN_5)==0);
            HAL_Delay(20);
    }
    else if(HAL_GPIO_ReadPin(GPIOB,GPIO_PIN_6)==0)
    {
            HAL_Delay(20);
            KeyValue=6;
            while(HAL_GPIO_ReadPin(GPIOB,GPIO_PIN_6)==0);
            HAL_Delay(20);
    }
    else if(HAL_GPIO_ReadPin(GPIOB,GPIO_PIN_7)==0)
    {
```

```
        HAL_Delay(20);
        KeyValue=7;
        while(HAL_GPIO_ReadPin(GPIOB,GPIO_PIN_7)==0);
        HAL_Delay(20);
    }
    //扫描第三行
    HAL_GPIO_WritePin(GPIOB,GPIO_PIN_1,1);
    HAL_GPIO_WritePin(GPIOB,GPIO_PIN_2,0);
    if(HAL_GPIO_ReadPin(GPIOB,GPIO_PIN_4)==0)
    {
        HAL_Delay(20);
        KeyValue=8;
        while(HAL_GPIO_ReadPin(GPIOB,GPIO_PIN_4)==0);
        HAL_Delay(20);
    }
    else if(HAL_GPIO_ReadPin(GPIOB,GPIO_PIN_5)==0)
    {
        HAL_Delay(20);
        KeyValue=9;
        while(HAL_GPIO_ReadPin(GPIOB,GPIO_PIN_5)==0);
        HAL_Delay(20);
    }
    else if(HAL_GPIO_ReadPin(GPIOB,GPIO_PIN_6)==0)
    {
        HAL_Delay(20);
        KeyValue=10;
        while(HAL_GPIO_ReadPin(GPIOB,GPIO_PIN_6)==0);
        HAL_Delay(20);
    }
    else if(HAL_GPIO_ReadPin(GPIOB,GPIO_PIN_7)==0)
    {
        HAL_Delay(20);
        KeyValue=11;
        while(HAL_GPIO_ReadPin(GPIOB,GPIO_PIN_7)==0);
        HAL_Delay(20);
    }
    //扫描第四行
    HAL_GPIO_WritePin(GPIOB,GPIO_PIN_2,1);
    HAL_GPIO_WritePin(GPIOB,GPIO_PIN_3,0);
    if(HAL_GPIO_ReadPin(GPIOB,GPIO_PIN_4)==0)
    {
        HAL_Delay(20);
        KeyValue=12;
        while(HAL_GPIO_ReadPin(GPIOB,GPIO_PIN_4)==0);
        HAL_Delay(20);
```

```
        }
        else if(HAL_GPIO_ReadPin(GPIOB,GPIO_PIN_5)==0)
        {
            HAL_Delay(20);
            KeyValue=13;
            while(HAL_GPIO_ReadPin(GPIOB,GPIO_PIN_5)==0);
            HAL_Delay(20);
        }
        else if(HAL_GPIO_ReadPin(GPIOB,GPIO_PIN_6)==0)
        {
            HAL_Delay(20);
            KeyValue=14;
            while(HAL_GPIO_ReadPin(GPIOB,GPIO_PIN_6)==0);
            HAL_Delay(20);
        }
        else if(HAL_GPIO_ReadPin(GPIOB,GPIO_PIN_7)==0)
        {
            HAL_Delay(20);
            KeyValue=15;
            while(HAL_GPIO_ReadPin(GPIOB,GPIO_PIN_7)==0);
            HAL_Delay(20);
        }
        if(KeyValue>=0 && KeyValue<=0xf)ByteOut2PC(SegmentCodes[KeyValue]);
/* USER CODE END WHILE */
    }
}
……
/* USER CODE BEGIN 4 */
//自定义函数，将1字节数据输出到PC端口的PC0~PC7引脚
void ByteOut2PC(uint8_t dat)
{
    if(dat & 0x01)HAL_GPIO_WritePin(GPIOC,GPIO_PIN_0,1);
    else          HAL_GPIO_WritePin(GPIOC,GPIO_PIN_0,0);
    if(dat & 0x02)HAL_GPIO_WritePin(GPIOC,GPIO_PIN_1,1);
    else          HAL_GPIO_WritePin(GPIOC,GPIO_PIN_1,0);
    if(dat & 0x04)HAL_GPIO_WritePin(GPIOC,GPIO_PIN_2,1);
    else          HAL_GPIO_WritePin(GPIOC,GPIO_PIN_2,0);
    if(dat & 0x08)HAL_GPIO_WritePin(GPIOC,GPIO_PIN_3,1);
    else          HAL_GPIO_WritePin(GPIOC,GPIO_PIN_3,0);
    if(dat & 0x10)HAL_GPIO_WritePin(GPIOC,GPIO_PIN_4,1);
    else          HAL_GPIO_WritePin(GPIOC,GPIO_PIN_4,0);
    if(dat & 0x20)HAL_GPIO_WritePin(GPIOC,GPIO_PIN_5,1);
    else          HAL_GPIO_WritePin(GPIOC,GPIO_PIN_5,0);
    if(dat & 0x40)HAL_GPIO_WritePin(GPIOC,GPIO_PIN_6,1);
    else          HAL_GPIO_WritePin(GPIOC,GPIO_PIN_6,0);
```

```
        if(dat & 0x80)HAL_GPIO_WritePin(GPIOC,GPIO_PIN_7,1);
        else         HAL_GPIO_WritePin(GPIOC,GPIO_PIN_7,0);
}
/* USER CODE END 4 */
……
```

显然，用位操作法编写的程序简单直白、易于理解和实现，但其中很多代码都是重复的，如果矩阵式键盘按键数量不止 16 个，那么程序中的代码会随着按键数量的增加而增加，代码的执行效率十分低下。

（2）字节操作法。

与位操作法编程思路完全不同，字节操作法将矩阵式键盘控制行列的 8 个 GPIO 引脚 PB0~PB7 作为一字节，通过与流水灯程序中使用的算法类似的移位算法来实现行线的循环置高电平，通过"位与"运算符来判断按键是否按下。这里 GPIO 引脚的驱动库选择 LL 库，与 HAL 库相反，LL 库只有对整个 GPIO 端口读写的 API 函数，而没有对某一个 GPIO 引脚读写的 API 函数。

main.c 程序：

```
#include "main.h"
/* Private variables -----------------------------------------
---------*/
/* USER CODE BEGIN PV */
//共阳极数码管 0~f 的段码
const uint8_t SegmentCodes[]=
{
0xc0,0xf9,0xa4,0xb0,0x99,
0x92,0x82,0xf8,0x80,0x90,
0x88,0x83,0xc6,0xa1,0x86,0x8e
};
/* USER CODE END PV */
void SystemClock_Config(void);
static void MX_GPIO_Init(void);
int main(void)
{
  /* USER CODE BEGIN 1 */
    int8_t i;  //循环变量
    uint8_t KeyValue=0x10;  //按下的按键
    uint8_t ReadPB;  //读取 PB 端口的值
  /* USER CODE END 1 */
  HAL_Init();
  SystemClock_Config();
  MX_GPIO_Init();
```

```
/* USER CODE BEGIN 2 */
LL_GPIO_WriteOutputPort(GPIOC,0xff);
/* USER CODE END 2 */
/* Infinite loop */
/* USER CODE BEGIN WHILE */
while (1)
{
    for(i=0;i<4;i++)
    {
        LL_GPIO_WriteOutputPort(GPIOB,(0xfe<<i)|(0xfe>>(8-i)));
        ReadPB=LL_GPIO_ReadInputPort(GPIOB);
        if((ReadPB & 0xf0)!= 0xf0)
        {
            HAL_Delay(20);
            ReadPB=LL_GPIO_ReadInputPort(GPIOB);
            if((ReadPB & 0xf0)!= 0xf0)
            {
                switch(ReadPB & 0xf0)
                {
                case 0xe0:KeyValue=4*i  ;break;
                case 0xd0:KeyValue=4*i+1;break;
                case 0xb0:KeyValue=4*i+2;break;
                case 0x70:KeyValue=4*i+3;break;
                default:;
                }
            }
            do
                ReadPB=LL_GPIO_ReadInputPort(GPIOB);
            while((ReadPB & 0xf0)!= 0xf0);
            HAL_Delay(20);
        }
    }
    if(KeyValue>=0 && KeyValue<=0xf)
        LL_GPIO_WriteOutputPort(GPIOC,SegmentCodes[KeyValue]);
/* USER CODE END WHILE */
  }
}
……
```

　　显然，相比于使用位操作法编写的程序，使用字节操作法编写的程序的代码量少了许多，代码的执行效率更高。

　　通过改进算法优化程序代码，提高代码的执行效率，不仅是读者需要学习和思考的内容，也是单片机工程师向更高水平发展的必经之路。

第4篇

提 高 篇

单片机从 SCM 阶段进入 MCU 阶段，最大的进步在于 MCU 内部集成了大量的片内外设，可以大大简化单片机控制板卡的设计。STM32 单片机内部集成了丰富的片内外设，本篇通过若干小项目，向读者介绍几种常用片内外设的使用方法。

4.1 外部（EXTI）中断

能力目标

理解单片机的中断机制，掌握外部中断程序的编写方法。

任务目标

外部中断演示仿真电路如图 4-1 所示，电路常态为流水灯状态（同 3.3 节任务），当按下按钮 BTN0 时，8 个 LED 全亮全灭闪烁 3 次后恢复到常态；当按下按钮 BTN1 时，8 个 LED 间隔交替闪烁 3 次后恢复到常态；当 BTN0 与 BTN1 同时按下或短时间内先后按下时，系统优先响应 BTN1。

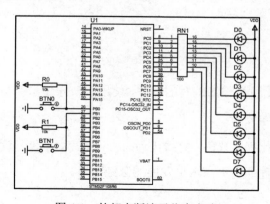

图 4-1　外部中断演示仿真电路

外部中断演示仿真电路中的虚拟元器件如表 4-1 所示。

表 4-1　外部中断演示仿真电路中的虚拟元器件

名　称	说　明
STM32F103R6	单片机
RX8	排阻
LED-YELLOW	黄色发光二极管
RES	电阻
BUTTON	按钮

4.1.1　中断技术

中断技术是一项十分重要的计算机技术，其用于解决快速 CPU 与慢速外围元器件之间的矛盾，实现快速 CPU 与慢速外围元器件的并行工作。当外围元器件需要通过 CPU 执行某项操作时，发出中断请求，CPU 中断（暂停）当前工作，保存断点，转而执行中断服务程序以处理中断请求，中断服务程序执行完毕后，CPU 返回断点处继续进行原来的工作。中断响应与返回流程如图 4-2 所示。

4.1.2　STM32 单片机的中断系统概述

Cortex-M3 一共支持 256 个中断，包含 16 个内核中断与 240 个外部（相对于内核）可屏蔽中断，其中 16 个内核中断厂家无法修改，而外部可屏蔽中断可由厂家根据实际需求自行裁剪。STM32F103R6 单片机仅有 60 个外部可屏蔽中断，中断向量表详见 ST 官方手册（文档编号为 RM0008，P204，Table 63）。外部可屏蔽中断除本任务需要学习的外部中断（EXTI，相对于芯片）外，还有定时器中断、串口通信中断、模数转换中断、SPI 中断、IIC 中断等。

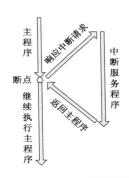

图 4-2　中断响应与返回流程

STM32 单片机可以根据实际需要设定中断优先级来解决不同中断源抢占 CPU 资源时的矛盾，中断的优先级可在 NVIC（Nested Vectored Interrupt Controller，嵌套向量中断控制器）配置界面中设定，如图 4-3 所示。打开 NVIC 配置界面的顺序为，在图形化配置界面中，依次选择"System view"→"NVIC"选项。

STM32 单片机的中断优先级可分为抢占优先级（Preemption Priority）和响应优先

级（Sub Priority）两种，设定数字越小，优先级越高。抢占优先级和响应优先级的设定共用 4 个比特位，可在 NVIC 配置界面中的"Priority Group"（优先级组）选项组中进行选择，比如，当选择"1 bits for pre-emption priority 3 bits for subpriority"选项时，抢占优先级的设定范围为 0～1，响应优先级的设定范围为 0～7（二进制 000～111）。

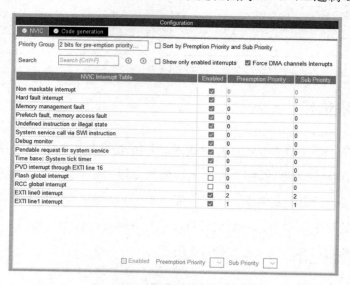

图 4-3　中断优先级的设定

　　抢占优先级也称为第一优先级或主优先级，不仅在多个中断源同时争夺 CPU 资源时，高优先级中断可以得到优先响应，即使 CPU 正在执行低优先级中断服务程序，高优先级中断也可以将其中断，待高优先级中断响应并执行完毕后，接着执行未完成的低优先级中断服务程序，这就是中断嵌套，如图 4-4 所示。响应优先级也称为第二优先级或副优先级，仅用于设定当多个抢占优先级相同的中断源同时争夺 CPU 资源时，CPU 响应的优先顺序。

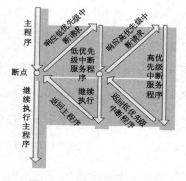

图 4-4　中断嵌套流程

当抢占优先级、响应优先级相同的多个中断源争夺 CPU 资源时，CPU 响应哪个中断请求取决于这些中断源的自然优先级，即中断向量表中的排序，地址越低（表格中排序越靠前），响应的优先级越高。

4.1.3　STM32 单片机的外部中断（EXTI）

（1）外部中断概述。

STM32 单片机所有的 GPIO 引脚均支持外部中断（EXTI），但值得注意的是，并非每一个 GPIO 引脚都独享一个外部中断（EXTI）资源。GPIO 引脚与外部中断之间的连接关系如图 4-5 所示。

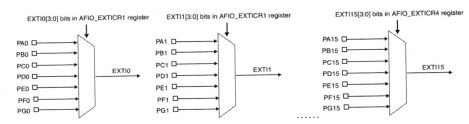

图 4-5　GPIO 引脚与外部中断之间的连接关系

外部中断共有 19 条中断线，即 EXTI0~EXTI18。其中，EXTI16~EXTI18 为专用中断线，本课程不做讨论。以 EXTI0 为例，在 PA0、PB0、……、PG0 中，最多只能有一个 GPIO 引脚被连接到 EXTI0，其他以此类推。

STM32 单片机的外部中断支持 3 种触发方式，分别如下。

- 上升沿触发方式，即外部中断对应的 GPIO 引脚捕获到上升沿信号时触发中断。

- 下降沿触发方式，即外部中断对应的 GPIO 引脚捕获到下降沿信号时触发中断。

- 双边沿触发方式，即外部中断对应的 GPIO 引脚捕获到上升沿或下降沿信号时触发中断。

（2）中断服务程序。

STM32 单片机的中断服务程序以 API 函数的形式存在，HAL 库中提供了相应的回调函数，在 LL 库中也可以找到相应的中断服务函数，基于 HAL 库或 LL 库的中断服务程序的编写略有不同，具体的操作方法在 4.1.4 节详细说明。

当使用 STM32CubeIDE 时，只需要在图形化配置界面中设定好中断的各种参数并开启中断，在代码编辑器中添加好中断服务程序，单片机在运行过程中，只要中断条件满足，就会响应并进入事先编写好的中断服务程序。

4.1.4 任务程序的编写

首先是工程的图形化参数配置,将 PB0 引脚的工作模式改为 GPIO_EXTI0,如图 4-6 所示。

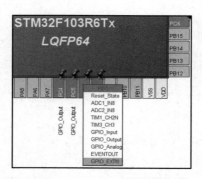

图 4-6 修改 PB0 引脚的工作模式

在图形化主界面中,依次选择"System view"→"GPIO"选项,在弹出的"GPIO Mode and Configuration"界面中依次对 PB0、PB1 引脚的"GPIO mode"(中断触发方式)进行选择,这里选择"External Interrupt Mode with Falling edge trigger detection"(下降沿触发方式),如图 4-7 所示。

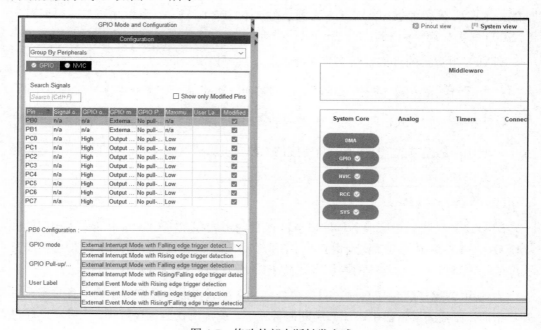

图 4-7 修改外部中断触发方式

在图 4-7 中，单击 "NVIC" 标签进入 NVIC 配置界面（见图 4-3），选中 "Enabled" 复选框使能外部两个中断；选择 "Priority Group"（优先级组）中的 "2 bits for pre-emption priority 2 bits for subpriority" 选项，即抢占优先级和响应优先级都用 2bit 来设定；将 EXTI0 的抢占优先级和响应优先级都设为 2，将 EXTI1 的抢占优先级和响应优先级都设为 1，即 EXTI1 的中断优先级全面高于 EXTI0 的中断优先级。

由于本节将会编写基于 HAL 库和 LL 库两种不同驱动库的中断程序，因此需要在图 4-8 中的 "Project Manager" 窗口红框处进行选择，选择完毕后，一键生成初始化代码。

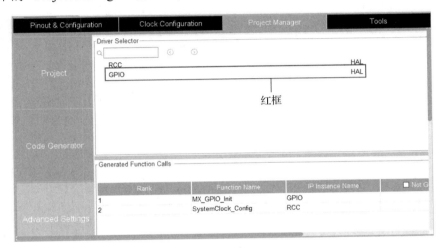

图 4-8　HAL 库或 LL 库的选择

（1）基于 HAL 库的程序。

下面为大家介绍基于 HAL 库的外部中断程序的编写，这里需要使用外部中断的回调函数：

函数	void HAL_GPIO_EXTI_Callback (uint16_t GPIO_Pin)
功能简述	EXTI 线侦测回调函数
形参	GPIO_Pin：GPIO 引脚，如 GPIO_Pin_0、GPIO_Pin_1、GPIO_Pin_2、……、GPIO_Pin_All
返回值	无

应用举例	//侦测到 EXTI0 线的外部中断事件
	void HAL_GPIO_EXTI_Callback (uint16_t GPIO_Pin)
	{
	　　if(GPIO_Pin == GPIO_PIN_0) { … }
	}

回调函数不会在生成初始化代码时自动生成，需要手动添加到 main.c 程序中。

main.c 程序：

```c
#include "main.h"
/* Private function prototypes -------------------------------------------
---------*/
void SystemClock_Config(void);
static void MX_GPIO_Init(void);
/* USER CODE BEGIN PFP */
void ByteOut2PC(uint8_t dat);
/* USER CODE END PFP */
int main(void)
{
  /* USER CODE BEGIN 1 */
    int8_t i;
  /* USER CODE END 1 */
  HAL_Init();
  SystemClock_Config();
  MX_GPIO_Init();
  /* USER CODE BEGIN WHILE */
  while (1)
  {
      for(i=0;i<8;i++)
      {
          ByteOut2PC((0xfe<<i)|(0xfe>>(8-i)));
          HAL_Delay(500);
      }
    /* USER CODE END WHILE */
  }
}
......
/* USER CODE BEGIN 4 */
//自定义函数，将 1 字节数据输出到 PC 端口的 PC0~PC7 引脚
void ByteOut2PC(uint8_t dat)
{
    if(dat & 0x01)HAL_GPIO_WritePin(GPIOC,GPIO_PIN_0,1);
    else          HAL_GPIO_WritePin(GPIOC,GPIO_PIN_0,0);
    if(dat & 0x02)HAL_GPIO_WritePin(GPIOC,GPIO_PIN_1,1);
    else          HAL_GPIO_WritePin(GPIOC,GPIO_PIN_1,0);
    if(dat & 0x04)HAL_GPIO_WritePin(GPIOC,GPIO_PIN_2,1);
    else          HAL_GPIO_WritePin(GPIOC,GPIO_PIN_2,0);
    if(dat & 0x08)HAL_GPIO_WritePin(GPIOC,GPIO_PIN_3,1);
    else          HAL_GPIO_WritePin(GPIOC,GPIO_PIN_3,0);
    if(dat & 0x10)HAL_GPIO_WritePin(GPIOC,GPIO_PIN_4,1);
    else          HAL_GPIO_WritePin(GPIOC,GPIO_PIN_4,0);
    if(dat & 0x20)HAL_GPIO_WritePin(GPIOC,GPIO_PIN_5,1);
```

```
    else            HAL_GPIO_WritePin(GPIOC,GPIO_PIN_5,0);
    if(dat & 0x40)HAL_GPIO_WritePin(GPIOC,GPIO_PIN_6,1);
    else            HAL_GPIO_WritePin(GPIOC,GPIO_PIN_6,0);
    if(dat & 0x80)HAL_GPIO_WritePin(GPIOC,GPIO_PIN_7,1);
    else            HAL_GPIO_WritePin(GPIOC,GPIO_PIN_7,0);
}


void HAL_GPIO_EXTI_Callback(uint16_t GPIO_Pin)
{
    int8_t i;
    if(GPIO_Pin==GPIO_PIN_0)  //检测到 EXTI0 线产生外部中断事件
    {
        for(i=0;i<3;i++)
        {
            ByteOut2PC(0xff);HAL_Delay(500);
            ByteOut2PC(0  );HAL_Delay(500);
        }
    }
    else if(GPIO_Pin==GPIO_PIN_1)
    {
        for(i=0;i<3;i++)
        {
            ByteOut2PC(0x55);HAL_Delay(500);
            ByteOut2PC(0xaa);HAL_Delay(500);
        }
    }
}
/* USER CODE END 4 */
......
```

值得注意的是，该回调函数可以在 stm32f1xx_hal_gpio.c 程序中找到，这里的回调函数前面有一个"弱函数"的关键字"__weak"，该关键字的作用是，如果工程的任何一个源文件中都没有与该"弱函数"同名的函数，则编译器会编译该"弱函数"；但是当工程中有另一个同名函数定义出现时，编译器会忽略"弱函数"而编译另一个没有标注"__weak"关键字的同名函数。因此，也可以不在 main.c 程序中手动输入该回调函数，而直接在 stm32f1xx_hal_gpio.c 程序中找到该回调函数填写功能代码。

（2）基于 LL 库的程序。

下面为大家介绍基于 LL 库的外部中断程序的编写方法，LL 库并没有提供回调函数，需要程序员在 stm32f1xx_it.c 程序中找到相应的外部中断库函数"void EXTI0_IRQHandler (void)""void EXTI1_IRQHandler(void)"并填写功能代码。

main.c 程序：

```c
#include "main.h"
void SystemClock_Config(void);
static void MX_GPIO_Init(void);
int main(void)
{
  /* USER CODE BEGIN 1 */
    int8_t i;
  /* USER CODE END 1 */
  HAL_Init();
  SystemClock_Config();
  MX_GPIO_Init();
  /* USER CODE BEGIN WHILE */
  while (1)
  {
      for(i=0;i<8;i++)
      {
          LL_GPIO_WriteOutputPort(GPIOC,(0xfe<<i)|(0xfe>>(8-i)));
          HAL_Delay(500);
      }
    /* USER CODE END WHILE */
  }
}
……
```

stm32f1xx_it.c 程序：

```c
……
/**
  * @brief This function handles EXTI line0 interrupt.
  */
void EXTI0_IRQHandler(void)
{
  if (LL_EXTI_IsActiveFlag_0_31(LL_EXTI_LINE_0) != RESET)
  {
    LL_EXTI_ClearFlag_0_31(LL_EXTI_LINE_0);
    /* USER CODE BEGIN LL_EXTI_LINE_0 */
    int8_t i;
    for(i=0;i<3;i++)
    {
     LL_GPIO_WriteOutputPort(GPIOC,0xff);HAL_Delay(500);
     LL_GPIO_WriteOutputPort(GPIOC,0   );HAL_Delay(500);
    }
    /* USER CODE END LL_EXTI_LINE_0 */
  }
```

```
}

/**
 * @brief This function handles EXTI line1 interrupt.
 */
void EXTI1_IRQHandler(void)
{
  if (LL_EXTI_IsActiveFlag_0_31(LL_EXTI_LINE_1) != RESET)
  {
    LL_EXTI_ClearFlag_0_31(LL_EXTI_LINE_1);
    /* USER CODE BEGIN LL_EXTI_LINE_1 */
    int8_t i;
    for(i=0;i<3;i++)
    {
      LL_GPIO_WriteOutputPort(GPIOC,0x55);HAL_Delay(500);
      LL_GPIO_WriteOutputPort(GPIOC,0xaa);HAL_Delay(500);
    }
    /* USER CODE END LL_EXTI_LINE_1 */
  }
}
......
```

4.2　LED 单灯闪烁之定时器延时（阻塞方式）

能力目标

理解单片机定时器的基本工作原理，掌握通过阻塞方式实现的单片机定时器延时程序的编写方法。

任务目标

单灯闪烁仿真电路如图 4-9 所示，任务要求同 3.1 节的任务要求，即 LED0 以 1 秒为周期闪烁，但要求延时必须通过定时器的阻塞方式实现。

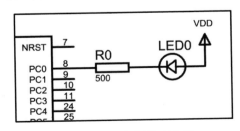

图 4-9　单灯闪烁仿真电路

单灯闪烁仿真电路中的虚拟元器件如表 4-2 所示。

表 4-2　单灯闪烁仿真电路中的虚拟元器件

名　　称	说　　明
STM32F103R6	单片机
LED-GREEN	绿色发光二极管
RES	电阻

4.2.1　STM32 单片机的定时器

（1）定时器概述。

定时器是一类十分重要的单片机片内外设，STM32F103 系列单片机最多支持 8 个定时器，如表 4-3 所示。

表 4-3　STM32F103 系列单片机支持的定时器

类别	定　时　器	计数器分辨率	计数器类型	预分频系数	产生 DMA 请求	捕获/比较通道	互补输出
高级	TIM1、TIM8	16 位	向上、向下、中央对齐	1~65536	可以	4	有
普通	TIM2、TIM3、TIM4、TIM5	16 位	向上、向下、中央对齐	1~65536	可以	4	无
基本	TIM6、TIM7	16 位	向上	1~65536	可以	0	无

除表 4-3 中的 8 个定时器外，还有 2 个看门狗定时器（1 个独立看门狗定时器和 1 个窗口看门狗定时器）和 1 个系统嘀嗒定时器（也称为 SysTick 定时器）。

STM32 单片机的定时器不仅数量丰富，功能也十分强大。

- 基本定时器除具备基本的定时功能外，还为 DAC（Digital to Analog Converter，数模转换器）提供 1 个触发通道。

- 普通定时器在具备基本定时器的功能的基础上，还增加了输入捕获、输出比较、单脉冲输出，PWM（Pulse Width Modulation，脉冲宽度调制）信号输出、正交编码器等功能。

- 高级定时器在具备普通定时器的功能的基础上，还增加了可输出带死区控制的互补 PWM 信号、紧急制动、定时器同步等功能，最多可以输出 6 路 PWM 信号。

STM32F103R6 单片机内部仅保留 TIM1、TIM2、TIM3 这 3 个定时器。

（2）定时器基本定时功能。

定时器基本的功能就是定时，本质上就是对周期性脉冲信号进行计数，工作原理可参考一种计时工具——水钟。由于 STM32 单片机时钟树结构复杂，因此不同的定时器未必采用相同的时钟信号源，如图 1-8 所示。

STM32 单片机的定时器具有 3 种不同的计数模式，即向上计数模式、向下计数模式、中央对齐计数模式（也称为向上/向下计数模式）。

- 向上计数模式：从默认初始值 0 开始做加法计数，加到预设值，之后产生一次溢出事件，自动复位至初始值 0，之后开始新一轮的计数，这种模式是定时器最常用的计数模式。

- 向下计数模式：从设定初始值开始做减法计数，减到 0，之后产生一次溢出事件，自动复位至设定初始值，之后开始新一轮的计数。

- 中央对齐计数模式：在默认初始值 0 与预设值之间，先做向上（加法）计数，再做向下（减法）计数，完成一个计数周期之后产生一次溢出事件，接着进行新一轮的计数。

下面以 TIM3 采用向上计数模式为例，介绍定时器定时时间的计算。

由图 1-8 可知，TIM3 的时钟源来自 APB1（Advanced Peripheral Bus 1，高级外设总线 1），其时钟频率可以在 STM32CubeIDE 的 "Clock Configuration"（时钟配置）界面中直接设定，这里我们采用默认设定 8MHz，如图 4-10 所示。

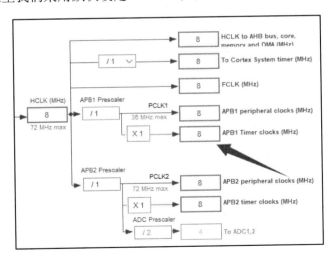

图 4-10　时钟频率的设定

APB1 Timer clocks 脉冲经过 1 个 TIM3 专属的预分频器分频之后才能成为 TIM3 的计数脉冲，预分频参数保存在一个 16 位的寄存器 TIM3_PSC（Prescale，简称 PSC）中，此时 TIM3 的计数脉冲周期 T_{CNT} 和 APB1 Timer clocks 频率 f_{CLK} 之间的关系为

$$T_{\text{CNT}} = \frac{\text{PSC}+1}{f_{\text{CLK}}}$$

由表 4-1 可知，STM32 单片机所有的定时器都是 16 位定时器，即计数范围为 0~65535，我们可以根据实际需要设定定时器的预设值，也称为自动重载寄存器 TIM3_ARR（Auto Reload Register，简称 ARR），此时 TIM3 采用向上计数模式的一次溢出时间，或者说一个计数周期的计算公式为

$$T_{\text{OUT}} = T_{\text{CNT}}(\text{ARR}+1) = \frac{(\text{PSC}+1)(\text{ARR}+1)}{f_{\text{CLK}}}$$

4.2.2　任务程序的编写

进行工程的图形化参数配置，如图 4-11 所示，将连接 LED 的引脚 PC0 设为 "GPIO_Output" 模式，定时器选用普通定时器 TIM3，"Clock Source"（时钟信号源）选择 "Internal Clock"（内部时钟），时钟频率采用默认设定值 8MHz。

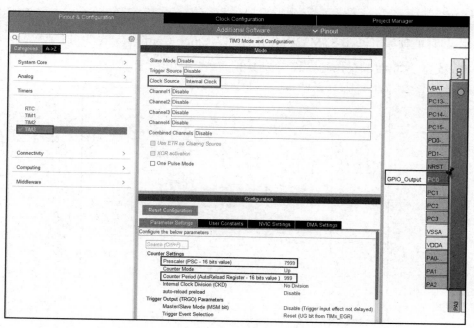

图 4-11　定时器参数设定

这里需要填写定时器的 PSC 和 ARR 参数，不妨设 PSC 为 7999，ARR 为 999，套用公式验证计算定时器的计数脉冲周期

$$T_{CNT} = \frac{PSC+1}{f_{CLK}} = \frac{7999+1}{8} = 1000\mu s = 1\ (ms)$$

定时器一次溢出时间

$$T_{OUT} = T_{CNT}(ARR+1) = 1000 \times (999+1) = 10^6\ (\mu s) = 1\ (s)$$

值得注意的是，设定的一次溢出时间 1s 显然超过 LED 闪烁时间，亮或灭一次状态持续的时间为 500ms。这是由于本任务采用了阻塞的编程方式，即通过 do…while 循环语句不断检测定时器当前的计数值是否达到 500，一旦达到 500 立即跳出循环，以此达到延时 500ms 的目的。正因如此，定时器一次溢出时间必须设定超过 500ms，当然读者也可以将一次溢出时间设为 600ms 或其他时间。

一键生成初始化代码后进入编程界面，完成其他代码的编写。

本任务需要使用的新的 API 函数如下。

HAL_TIM_Base_Start 函数：

函数	HAL_StatusTypeDef HAL_TIM_Base_Start (TIM_HandleTypeDef *htim)
功能简述	定时器运行函数
形参	htim: 定时器 TIM*x* 句柄，如&htim1、&htim2、&htim3 等
返回值	HAL：状态，如 HAL_OK、HAL_ERROR、HAL_BUSY、HAL_TIMEOUT，不常用
应用举例	if(HAL_TIM_Base_Start(&htim3) != HAL_OK) { Error_Handler(); }　　//运行定时器 TIM3

HAL_TIM_Base_Stop 函数：

函数	HAL_StatusTypeDef HAL_TIM_Base_Stop (TIM_HandleTypeDef *htim)
功能简述	定时器停止函数
形参	htim: 定时器 TIM*x* 句柄，如&htim1、&htim2、&htim3 等
返回值	HAL：状态，如 HAL_OK、HAL_ERROR、HAL_BUSY、HAL_TIMEOUT，不常用
应用举例	if(HAL_TIM_Base_Stop(&htim3) != HAL_OK) { Error_Handler(); }　　//停止定时器 TIM3

需要使用的宏定义如下。

__HAL_TIM_SET_COUNTER 宏：

宏定义	__HAL_TIM_SET_COUNTER	
功能简述	为定时器设定初始计数值	
形参	__HANDLE__：定时器 TIM*x* 句柄，如&htim1、&htim2、&htim3 等	
	__COUNTER__：16 位计数初始值，如 0	
返回值	无	
应用举例	__HAL_TIM_SET_COUNTER(&htim3,0);　　//将定时器 TIM3 当前计数值设定为 0	

__HAL_TIM_GET_COUNTER 宏:

宏定义	__HAL_TIM_GET_COUNTER
功能简述	获取定时器当前计数值
形参	__HANDLE__: 定时器 TIMx 句柄, 如&htim1、&htim2、&htim3 等
返回值	当前计数值（16 位/32 位）
应用举例	uint16_t cnt = __HAL_TIM_GET_COUNTER(&htim3); //读取定时器 TIM3 当前计数值

main.c 程序:

```
#include "main.h"
/* Private variables -----------------------------------
---------*/
TIM_HandleTypeDef htim3;
/* Private function prototypes -------------------------------------
---------*/
void SystemClock_Config(void);
static void MX_GPIO_Init(void);
static void MX_TIM3_Init(void);
/* Private user code -----------------------------------
---------*/
/* USER CODE BEGIN 0 */
void My_Delay_ms(uint16_t nms);
/* USER CODE END 0 */
int main(void)
{
  /* MCU Configuration------------------------------------------------
---------*/
  /* Reset of all peripherals, Initializes the Flash interface and the
Systick. */
  HAL_Init();
  /* Configure the system clock */
  SystemClock_Config();
  /* Initialize all configured peripherals */
  MX_GPIO_Init();
  MX_TIM3_Init();
  /* Infinite loop */
  /* USER CODE BEGIN WHILE */
  while (1)
  {
      HAL_GPIO_TogglePin(GPIOC,GPIO_PIN_0);
      My_Delay_ms(500);
    /* USER CODE END WHILE */
    /* USER CODE BEGIN 3 */
  }
  /* USER CODE END 3 */
}
......
```

```
/* USER CODE BEGIN 4 */
void My_Delay_ms(uint16_t nms)
{
    uint16_t counter=0;
    __HAL_TIM_SET_COUNTER(&htim3,0);
    HAL_TIM_Base_Start(&htim3);
    do
    {
        counter=__HAL_TIM_GET_COUNTER(&htim3);
    }
    while(counter < nms);
    HAL_TIM_Base_Stop(&htim3);
}
/* USER CODE END 4 */
......
```

4.3 流水灯之定时器延时（中断方式）

能力目标

在 4.2 节的基础上，进一步理解单片机定时器中断的触发原理，掌握单片机定时器延时中断程序的编写方法。

任务目标

流水灯仿真电路如图 4-12 所示，任务要求同 3.3 节任务要求，即实现 8 个 LED 的流水灯效果，但要求延时必须通过定时器中断方式实现。

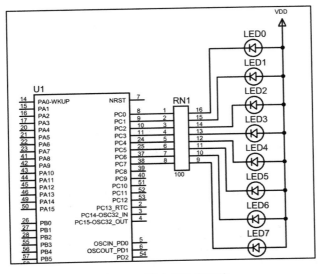

图 4-12 流水灯仿真电路

流水灯仿真电路中的虚拟元器件如表 3-2 所示，这里不再列出。

4.3.1 定时器中断

STM32 单片机的定时器均具备中断功能，中断发生的时刻为定时器溢出时刻，即定时器一个计数周期完成的时刻。下面以 TIM3 为例向读者介绍定时器中断的具体流程。

4.3.2 任务程序的编写

进行工程的图形化配置，将 PC0~PC7 引脚全部设为"GPIO_Output"模式，计算并设定定时器参数，如图 4-13 所示。

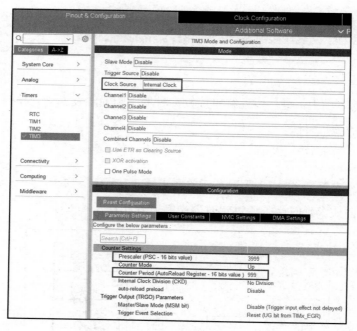

图 4-13 定时器参数设定

打开定时器中断功能，在定时器配置界面中，选择"NVIC Settings"（NVIC 设定）页，选中"TIM3 global interrupt"（TIM3 全局中断）复选框，如图 4-14 所示。

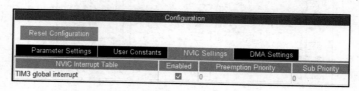

图 4-14 NVIC 设定

由于本任务同任务 3.3 一样，都是采用 LL 库驱动单片机 GPIO 引脚的，因此需要在图形化配置界面中依次选择"Project Manager"（工程管理器）→"Advanced Setting"（高级设置）选项，将 GPIO 引脚对应的驱动库选为"LL"库，然后一键生成工程初始化代码。

本任务需要使用的新的 API 函数如下。

HAL_TIM_Base_Start_IT 函数：

函数	HAL_StatusTypeDef HAL_TIM_Base_Start (TIM_HandleTypeDef *htim)
功能简述	定时器运行并开启中断函数
形参	htim: 定时器 TIMx 句柄，如&htim1、&htim2、&htim3 等
返回值	HAL：状态，如 HAL_OK、HAL_ERROR、HAL_BUSY、HAL_TIMEOUT，不常用
应用举例	//运行定时器 TIM3 并开启对应中断 if(HAL_TIM_Base_Start_IT(&htim3) != HAL_OK) { Error_Handler(); }

HAL_TIM_PeriodElapsedCallback 函数：

函数	void HAL_TIM_PeriodElapsedCallback (TIM_HandleTypeDef *htim)
功能简述	定时器中断回调函数，在一个计数周期完毕后发生
形参	htim: 定时器 TIMx 句柄，如&htim1、&htim2、&htim3 等
返回值	HAL：无

应用举例	//TIM3 溢出中断回调
	void HAL_TIM_PeriodElapsedCallback (TIM_HandleTypeDef *htim)
	{
	　if(htim==&htim3) { ... }
	}

main.c 程序：

```
#include "main.h"
/* Private define ------------------------------------
---------*/
/* USER CODE BEGIN PD */
void HAL_TIM_PeriodElapsedCallback (TIM_HandleTypeDef *htim);
/* USER CODE END PD */
/* Private variables ----------------------------------
---------*/
TIM_HandleTypeDef htim3;
/* Private function prototypes -------------------------
---------*/
void SystemClock_Config(void);
static void MX_GPIO_Init(void);
```

111

```
static void MX_TIM3_Init(void);
int main(void)
{
 /* MCU Configuration----------------------------------------------
--------*/
 /* Reset of all peripherals, Initializes the Flash interface and the
Systick. */
 HAL_Init();
 /* Configure the system clock */
 SystemClock_Config();
 /* Initialize all configured peripherals */
 MX_GPIO_Init();
 MX_TIM3_Init();
 /* USER CODE BEGIN 2 */
 LL_GPIO_WriteOutputPort(GPIOC,0xfe);
 HAL_TIM_Base_Start_IT(&htim3);
 /* USER CODE END 2 */
 while (1) { }
}
......
/* USER CODE BEGIN 4 */
void HAL_TIM_PeriodElapsedCallback (TIM_HandleTypeDef *htim)
{
    static uint8_t counter=0;
    if(htim==&htim3)
    {
        counter++;
        if(counter>=8) counter=0;
        LL_GPIO_WriteOutputPort(GPIOC,(0xfe<<counter ) |    (0xfe>>(8-
counter)));
    }
}
/* USER CODE END 4 */
......
```

值得注意的是，定时器中断方式的编程思路完全不同于阻塞方式的编程思路。

① 阻塞方式与按钮阻塞类似，通过有限次循环达到阻塞延时的目的，可以将延时程序封装成独立的延时函数进行调用，独立延时函数可与基于嘀嗒定时器的 HAL_Delay()延时函数互相替换。

② 在采用中断方式编写的程序中，main 函数仅对定时器进行初始化，程序后续工作都在定时器中断服务程序运行（定时器溢出中断）时完成。

在本任务中，每过 1 秒产生一次定时器溢出中断，LED 的状态随即改变一次，由此形成了流水灯的效果，其余绝大部分时间，CPU 均停留在main 函数的死循环 while(1){ } 处。显然，与任务 3.3 的软件延时方案相比，利用定时器中断时 CPU 执行效率更高。

4.4　长短按键

能力目标

理解长短按键功能实现的原理，能利用软件延时及定时器中断技术实现长短按键程序的编写。

任务目标

长短按键仿真电路如图 4-15 所示，若正常按一下 BTN1 按键则 D1 点亮；若按住 BTN1 按键超过 1 秒则 D2 点亮；若在 D1 或 D2 点亮时按一下 BTN2 按键则所有 LED 都熄灭。

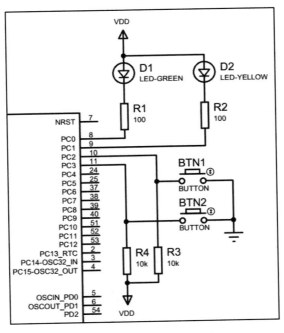

图 4-15　长短按键仿真电路

长短按键仿真电路中的虚拟元器件如表 4-4 所示。

表 4-4　长短按键仿真电路中的虚拟元器件

名　　称	说　　明
STM32F103R6	单片机
LED-GREEN	绿色发光二极管
LED-YELLOW	黄色发光二极管
RES	电阻
BUTTON	按键

4.4.1　长短按键的用途和设计思路

（1）长短按键的用途。

有些电子产品由于体积受限，按键个数不能太多，因此需要通过 1 个按键响应 2 个甚至更多个不同的事件，比如，可以通过按键时间的不同设定其响应不同的事件，我们不妨称这种按键为长短按键。智能手机的电源按键就是一种典型的长短按键，短按点亮或熄灭屏幕，长按开机或关机。

（2）长短按键的设计思路。

长短按键实现的方法很多，本节为读者介绍一种比较简单的方法，如图 4-16 所示。

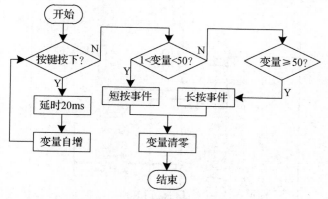

图 4-16　长短按键程序流程图

简单来说，就是以 25ms 为计时单位，在按下按键直至松开的过程中，从 0 开始连续计数，根据计数值判断相应事件是长按事件还是短按事件。

4.4.2　任务程序的编写

这里提供基于系统嘀嗒定时器（HAL_Delay 函数）与定时器中断 2 种具体的实现

方案，程序设计的指导思想均遵循图 4-16。图形化配置过程略。

（1）基于系统嘀嗒定时器的程序。

main.c 程序：

```
#include "main.h"
/* Private function prototypes -----------------------------------------
----------*/
void SystemClock_Config(void);
static void MX_GPIO_Init(void);
int main(void)
{
  /* MCU Configuration---------------------------------------------------
--------*/
  /* Reset of all peripherals, Initializes the Flash interface and the
Systick. */
  HAL_Init();
  /* Configure the system clock */
  SystemClock_Config();
  /* Initialize all configured peripherals */
  MX_GPIO_Init();
  /* Infinite loop */
  /* USER CODE BEGIN WHILE */
  while (1)
  {
      uint32_t count=0;  //计数变量
      while(HAL_GPIO_ReadPin(GPIOC, GPIO_PIN_2)==0)
      {
          count++;
          if(count>=40)break;  //长按自动跳出
          HAL_Delay(25);
      }
      if(count>1 && count<40)  //短按事件
      {
          HAL_GPIO_WritePin(GPIOC, GPIO_PIN_0,0);
      }
      else if(count>=40)  //长按事件
      {
          HAL_GPIO_WritePin(GPIOC, GPIO_PIN_1,0);
      }
      while(count>0 && HAL_GPIO_ReadPin(GPIOC, GPIO_PIN_2)==0);  //阻塞
      if(HAL_GPIO_ReadPin(GPIOC, GPIO_PIN_3)==0)
      {
```

```
                HAL_Delay(25);
                if(HAL_GPIO_ReadPin(GPIOC, GPIO_PIN_3)==0)
                {
                    HAL_GPIO_WritePin(GPIOC, GPIO_PIN_0|GPIO_PIN_1,1);
                }
            }
        }
    /* USER CODE END WHILE */
    }
}
......
```

值得注意的是，为了实现长按 1 秒不松开按键即可产生响应，增加了自动跳出长按阻塞程序的代码；否则用户必须长按 1 秒松开按键才会产生响应，这显然是不符合实际需求的。

（2）基于定时器中断的程序。

main.c 程序：

```
#include "main.h"
/* Private variables -----------------------------------------
---------*/
TIM_HandleTypeDef htim3;
/* Private function prototypes -------------------------------
---------*/
void SystemClock_Config(void);
static void MX_GPIO_Init(void);
static void MX_TIM3_Init(void);
int main(void)
{
  /* MCU Configuration------------------------------------------
--------*/
  /* Reset of all peripherals, Initializes the Flash interface and the
Systick. */
  HAL_Init();
  /* Configure the system clock */
  SystemClock_Config();
  /* Initialize all configured peripherals */
  MX_GPIO_Init();
  MX_TIM3_Init();
  /* Infinite loop */
  while (1)
  {
  }
}
```

```
......
/* USER CODE BEGIN 4 */
//定时器溢出回调函数（25ms 调用一次）
void HAL_TIM_PeriodElapsedCallback (TIM_HandleTypeDef *htim)
{
    static uint16_t count1=0,count2=0;  //BTN1 计数变量，BTN2 计数变量
    if(htim==&htim3)
    {
        //BTN1
        //按下 BTN1 按键，变量递增
        if(HAL_GPIO_ReadPin(GPIOC, GPIO_PIN_2)==GPIO_PIN_RESET)
        {
            count1++;
        }
        //长按 BTN1 按键
        if(count1>=40)
        {
            HAL_GPIO_WritePin(GPIOC, GPIO_PIN_1,GPIO_PIN_RESET);
        }
        //短按 BTN1 按键
        else if(count1>1 && count1<40 &&
        HAL_GPIO_ReadPin(GPIOC, GPIO_PIN_2)==GPIO_PIN_SET)
        {
            HAL_GPIO_WritePin(GPIOC, GPIO_PIN_0,GPIO_PIN_RESET);
        }
        //松开 BTN1 按键，变量清零
        if(HAL_GPIO_ReadPin(GPIOC, GPIO_PIN_2)==GPIO_PIN_SET)
        {
            count1=0;
        }
        //BTN2
        if(HAL_GPIO_ReadPin(GPIOC, GPIO_PIN_3)==0)
        {
            count2++;
        }
        else if(HAL_GPIO_ReadPin(GPIOC, GPIO_PIN_3)==1)
        {
            count2=0;
        }
        if(count2>1)
        {
            HAL_GPIO_WritePin(GPIOC,
GPIO_PIN_0|GPIO_PIN_1,GPIO_PIN_SET);
        }
    }
}
```

```
/* USER CODE END 4 */
......
```

相比于基于系统嘀嗒定时器的程序，显然基于定时器中断的程序可以使单片机 CPU 的执行效率更高，更加具有实用价值。

4.5 呼吸灯

能力目标

理解并掌握 STM32 单片机 PWM 的使用方法，能利用 PWM 技术实现呼吸灯的程序设计。

任务目标

呼吸灯仿真电路如图 4-17 所示，D1 为长亮 LED，D2 为呼吸灯，要求实现 D2 亮→灭→亮→灭……的渐变效果，一次变化周期为 1 秒。图 4-16 中的最右侧方框为虚拟示波器。

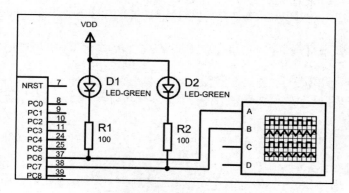

图 4-17　呼吸灯仿真电路

呼吸灯仿真电路中的虚拟元器件及仪表如表 4-5 所示。

表 4-5　呼吸灯仿真电路中的虚拟元器件及仪表

名　称	说　明
STM32F103R6	单片机
LED-GREEN	绿色发光二极管
RES	电阻
OSCILLOSCOPE	示波器（虚拟仪表）

4.5.1　STM32 单片机的 PWM 技术

（1）PWM 技术。

PWM（Pulse Width Modulation，脉冲宽度调制）技术就是对固定周期脉冲波形的高电平宽度进行调节。如图 4-18 所示，脉冲周期固定为 T，脉冲持续时间（高电平宽度）为 τ，为了方便分析问题，我们定义一个物理量占空比 D，它与周期 T、高电平宽度的关系为

$$D = \frac{\tau}{T} \times 100\%$$

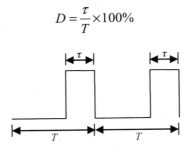

图 4-18　PWM 信号波形图

在图 4-17 中，脉冲信号波形的平均电压与占空比 D、电平电压 U 之间的关系为

$$\bar{U} = \frac{\tau}{T} U = DU$$

简单来说，PWM 技术就是通过调节输出脉冲的占空比来达到调节输出信号平均电压的目的，一般可用于直流电动机调速、开关电源、LED 亮度调节等领域。

（2）定时器的 PWM 功能。

对于 STM32F103 系列单片机，除基本定时器 TIM6、TIM7 之外，其余定时器都有输出 PWM 信号的功能。高级定时器 TIM1、TIM8 和普通定时器 TIM2~TIM5，每一个定时器都可以输出 4 路相互独立的 PWM 信号；此外，TIM1、TIM8 还可以产生 3 路互补 PWM 信号，并具备刹车和死区控制等高级功能。

下面仅介绍普通定时器 TIM3 输出 1 路 PWM 信号实现 LED 呼吸灯效果的方法。

4.5.2　任务程序的编写

首先进行工程的图形化配置。普通定时器 TIM3 的 4 路 PWM 输出通道 TIM3_CH1~

TIM3_CH4 分别对应 PC6~PC9 引脚，将 PC6 引脚配置为"GPIO_Output"模式，用于驱动长亮 LED，使能 TIM3-CH 2 的 PWM 信号输出功能，由 PC7 引脚驱动呼吸灯 LED，如图 4-19 所示。

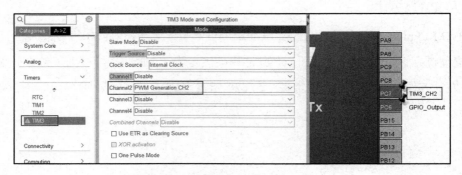

图 4-19   定时器 TIM3 模式设定窗口

如图 4-20 所示，在定时器 TIM3 配置设定窗口中，在"Counter Settings"（计数器设定）选项组中将 PSC 设为 79，此时定时器的计数脉冲对象周期为

$$T_{CNT} = \frac{PSC+1}{f_{CLK}} = \frac{79+1}{8} = 10 \text{（μs）}$$

将 ARR 设为 99，此时定时器一次溢出时间为

$$T_{OUT} = T_{CNT}(ARR+1) = 10 \times (99+1) = 1000 \text{（μs）} = 1 \text{（ms）}$$

接下来进行 PWM 信号占空比的设定。如图 4-21 所示，定时器从 0 开始向上计数到 ARR 值，溢出以后自动复位并开始新一轮的计数，CCRx 是一个在 0~ARR 之间的可变值。PWM 信号先输出低电平，当定时器计数值达到 CCRx 时 PWM 信号输出翻转为高电平；当定时器溢出时，PWM 信号再次恢复输出低电平……周而复始，因此 CCRx 的取值直接决定了 PWM 信号波形的占空比。

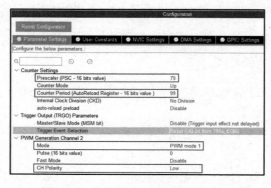

图 4-20   定时器 TIM3 配置设定窗口

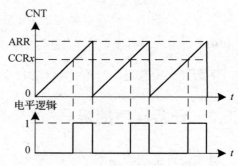

图 4-21   PWM 信号翻转逻辑

值得注意的是，这里 PWM 信号的溢出周期为 1ms，也就是说 PWM 信号的频率为 1kHz。

"PWM Generation Channel x"（通道 x 的 PWM 信号生成，x=1,2,3,4）设定窗口中有 "Mode"（模式）和 "CH Polarity"（通道极性）2 个选项可以用于构成互补逻辑，此时假设定时器 TIMx 当前计数值为 CNT。

"Mode" 选项。

① PWM mode 1：当 CNT<CCRx 时，输出有效电平；当 CNT>CCRx 时，输出无效电平。

② PWM mode 2：当 CNT<CCRx 时，输出无效电平；当 CNT>CCRx 时，输出有效电平。

"CH Polarity"（有些资料也称其为 "有效电平"）选项。

① Low：通道极性为低电平，也可以说有效电平为低电平，此时高电平就是无效电平。

② High：通道极性为高电平，也可以说有效电平为高电平，此时低电平就是无效电平。

图 4-21 中的曲线表示的是一种 "Mode" 选项为 PWM mode1、"CH Polarity" 为 Low 的 PWM 设定模式。

本任务需要使用新的 API 函数如下。

HAL_TIM_PWM_Start 函数：

函数	HAL_StatusTypeDef HAL_TIM_PWM_Start (TIM_HandleTypeDef * htim, uint32_t Channel)
功能简述	定时器运行并输出 PWM 函数
形参	htim：定时器 TIMx 句柄，如&htim1、&htim2、&htim3 等
	Channel：PWM 通道，如 TIM_CHANNEL_n（n=1、2、3、4）
返回值	HAL：状态，如 HAL_OK、HAL_ERROR、HAL_BUSY、HAL_TIMEOUT，不常用
应用举例	if(HAL_TIM_PWM_Start(&htim3, TIM_CHANNEL_2) != HAL_OK) { Error_Handler(); } //运行定时器 TIM3，并由通道 2 输出 PWM 信号

需要使用的宏定义如下。

__HAL_TIM_SET_COMPARE 宏：

宏定义	__HAL_TIM_SET_COMPARE
功能简述	给定时器设定通道 x 的捕获比较寄存器（CCRx）的值
形参	__HANDLE__：定时器 TIMx 句柄，如&htim1、&htim2、&htim3 等
	__CHANNEL__：PWM 通道，如 TIM_CHANNEL_n（n=1、2、3、4）
	__COMPARE__：较值，即赋予 CCRx 的值
返回值	无
应用举例	__HAL_TIM_SET_COMPARE(&htim3,TIM_CHANNEL_2,50); //赋予定时器 TIM3 的 CCR2 寄存器的值为 50

main.c 程序：

```c
#include "main.h"
/* Private variables -----------------------------------------
----------*/
TIM_HandleTypeDef htim3;
/* Private function prototypes --------------------------------
----------*/
void SystemClock_Config(void);
static void MX_GPIO_Init(void);
static void MX_TIM3_Init(void);
int main(void)
{
  /* MCU Configuration----------------------------------------
--------*/
  /* Reset of all peripherals, Initializes the Flash interface and the
Systick. */
  HAL_Init();
  /* Configure the system clock */
  SystemClock_Config();
  /* Initialize all configured peripherals */
  MX_GPIO_Init();
  MX_TIM3_Init();
  /* USER CODE BEGIN 2 */
  HAL_TIM_PWM_Start(&htim3,TIM_CHANNEL_2);
  /* USER CODE END 2 */
  /* Infinite loop */
  /* USER CODE BEGIN WHILE */
  while (1)
  {
      int8_t i;
      for(i=0;i<=100;i+=4)
      {
          __HAL_TIM_SET_COMPARE(&htim3,TIM_CHANNEL_2,i);
```

```
                HAL_Delay(20);
        }
        for(i=100;i>=0;i-=4)
        {
                __HAL_TIM_SET_COMPARE(&htim3,TIM_CHANNEL_2,i);
                HAL_Delay(20);
        }
    /* USER CODE END WHILE */
    }
}
......
```

4.6　串口通信之单字节通信

能力目标

理解并掌握 STM32 单片机通过串口接收/发送单字节的方法。

任务目标

将单片机实验板通过串口数据线与计算机相连，打开计算机上的串口助手，通过串口助手发送单字节数据，单片机收到该字节数据后，交换高 4 位与低 4 位，将新的数据通过串口发回串口助手。例如，串口助手发送数据 "AB"，单片机返回数据 "BA"。串口通信仿真电路如图 4-22 所示。

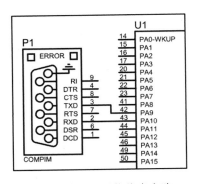

图 4-22　串口通信仿真电路

串口通信仿真电路中的虚拟元器件如表 4-6 所示。

表 4-6　串口通信仿真电路中的虚拟元器件

名　　称	说　　明
STM32F103R6	单片机
COMPIM	串口组件，用于连接计算机虚拟串口

4.6.1 串口通信

1）并行通信与串行通信

计算机系统内部，计算机与外设之间若需要进行数据交换，则必须使用通信技术。通信的基本方式有如下 2 种。

（1）并行通信。

并行通信同时发送和接收数据，有多少位数据就需要多少根数据线。并行通信的优势在于数据传送速率快；缺点是需要耗费较多的数据线，距离越远，通信成本较高。并行通信如图 4-23（a）所示。

（2）串行通信。

串行通信逐位发送或接收数据，无论数据有多少位，只需要一对数据线。串行通信的优势在于耗费较少的数据线，在远距离通信应用中，通信成本较低；缺点是传输速率较慢。串行通信如图 4-23（b）所示。

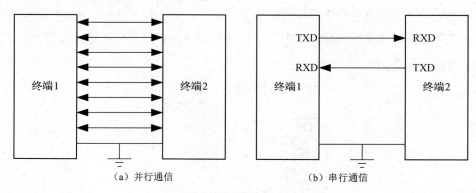

（a）并行通信　　　　　　　　（b）串行通信

图 4-23　并行通信与串行通信

2）通信波特率

数据通信必须按一定的速率进行传送，我们通常用波特率（Baud Rate）来衡量数据通信的速率。波特率是指每秒传送数据的位数，单位为 bit/s，用户可根据需要进行设定。一般来说，波特率越高，通信速率越快，通信越不稳定；波特率越低，通信速度越慢，通信越稳定。

3）异步通信与同步通信

（1）异步通信。

在异步通信中，数据通常以字节为最小单位组成数据帧传送，数据帧按照固定"节拍"（波特率）通过发送端逐帧地发送，接送端则逐帧接收。每一帧数据由以下 4 部分组成。

- 起始位，位于数据帧开头，仅占 1 位，为逻辑"0"。在空闲状态时，传送线为常态逻辑"1"，接收端接收到逻辑"0"即认为发送端开始发送数据。

- 数据位，位于起始位之后，根据情况可取 5 位、6 位、7 位或 8 位，发送顺序为低位在前高位在后。

- 奇偶校验位，位于所有数据位之后，仅占一位。通信双方约定统一采用奇校验或偶校验。奇校验即当传送数据中 1 的个数为奇数时，奇偶校验位取 1，否则取 0；偶校验即当传送数据中 1 的个数为偶数时，奇偶校验位取 1，否则取 0。这是一种简单的校验方法，也可以选择无校验模式，即没有奇偶校验位。

- 停止位，位于数据帧末尾，为逻辑"1"，通常可取 1 位、1.5 位或 2 位，用于向接收端表示一帧数据已发送完毕。

异步通信发送端与接收端采用不同的时钟信号，一般来说，只要发送端与接收端的波特率误差相差不超过 1%均可顺利通信。

（2）同步通信。

与异步通信相比，同步通信取消了起始位和停止位，可以减少数据的通信时间，但由于同步通信对通信发送端与接收端双方时钟要求较高，因此它的硬件结构比异步通信的硬件结构复杂，本书不做深入介绍。

4）串行通信的数据传输模式

- 单工模式，1 个终端为固定的发送终端，另 1 个终端为固定的接收终端。

- 半双工模式，2 个终端可以互相通信，但不能同时收发数据。

- 全双工模式，2 个终端可以互相通信，而且可以同时收发数据。

串行通信的数据传输模式如图 4-24 所示。

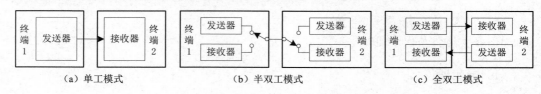

（a）单工模式　　　　　　　（b）半双工模式　　　　　　（c）全双工模式

图 4-24　串行通信的数据传输模式

4.6.2　单片机与计算机的串口通信

（1）STM32 单片机串口。

STM32F103 系列单片机最多具有 5 个串口，包括 3 个 USART（Universal Synchronous/ Asynchronous Receiver/Transmitter，通用同步/异步串行接收/发送器）和 2 个 UART（Universal Asynchronous Receiver/Transmitter，通用异步串行接收/发送器）。STM32F103R6 单片机仅具有 2 个 USART，即 USART1 和 USART2，其中 USART1 除可进行串口通信外，还是单片机程序的 ISP 下载口。STM32 单片机串口通信采用 TTL 电平，高电平 +3.3V 代表逻辑"1"，低电平 0V 代表逻辑"0"。

（2）计算机 RS-232 串口。

RS-232 技术是一种重要的计算机串口通信技术，诞生于 1970 年，有 25 线与 9 线 （简化）2 种常见接口，计算机在实际与单片机进行串口通信时大多只用到如下 3 条线。

- RXD（Receive External Data，接收外部数据）线，用于从串口接收数据。
- TXD（Transmit External Data，发送外部数据）线，用于从串口向外发送数据。
- GND（Ground，信号地）线。

RS-232 标准规定-15~-3V 代表逻辑"1"，+3~+15V 代表逻辑"0"，计算机 RS-232 串口通信逻辑与单片机串口通信逻辑一致。

（3）单片机与计算机之间的串口通信。

虽然单片机串口通信逻辑与计算机 RS-232 串口通信逻辑一致，但逻辑电平不匹配，因此需要在计算机 RS-232 串口与单片机串口之间加上一个电平转换电路，这样两者就可以顺利进行串口通信，常用电路为 MAX3232 芯片。

由于 RS-232 技术过于老旧，目前市面上大部分计算机已经不再配备 RS-232 串口，因此也可以采用 USB 转串口芯片实现计算机与单片机之间的串口通信，常用芯片有 FT232、PL2303、CH340。

（4）虚拟串口。

如果计算机需要与 Proteus 仿真电路中的单片机进行串口通信，那么必须借助于第三方虚拟串口软件,常用软件为 Eltima Software 公司的 VSPD(Visual Serial Port Driver),如图 4-25 所示。

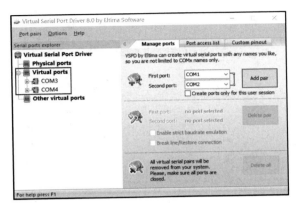

图 4-25 VSPD 界面

虚拟串口与实物串口不同,必须成对添加,通过"Add pair"功能可以添加若干对虚拟串口,VSPD 最多可添加 256 个(128 对)虚拟串口。在图 4-25 中,添加了 COM3 与 COM4 这一对虚拟串口,打开计算机设备管理器可以看到 COM3 与 COM4 的关系,如图 4-26 所示,即 COM3 与 COM4 互相收发数据。

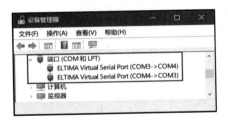

图 4-26 设备管理器中的虚拟串口

在进行仿真的时候,不妨将 Proteus 仿真电路中 STM32 单片机的 USART1 连接至图 4-26 中的 COM3,在串口助手中打开 COM4,这样就可以实现计算机与仿真 STM32 单片机的串口通信。

4.6.3 任务程序的编写

首先进行工程的图形化配置。如图 4-27 所示,将串口 USART1 设为"Asynchronous"(异步),波特率设为"19200Bits/s",字长设为"8Bits",校验设为"None",停止位设为"1",数据传送设为"Receive and Transmit"(接收与发送)。引脚预览图自动显示引脚 PA9、PA10 分别为 USART1 的发送端、接收端。

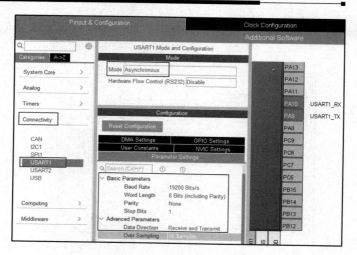

图 4-27　串口参数设定

然后在"NVIC Configuration"（NVIC 配置）页中，选中"USART1 global interrupt"（USART1 全局中断）复选框，使能串口 1 的中断功能，如图 4-28 所示。

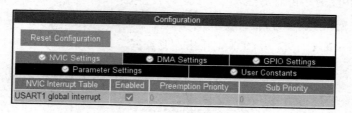

图 4-28　使能串口中断

一键生成初始化代码后进入编程界面，完成其他代码的编写。

本任务需要使用的新的 API 函数如下。

HAL_UART_Receive_IT 函数：

函数	HAL_StatusTypeDef HAL_UART_Receive_IT (UART_HandleTypeDef * huart, uint8_t * pData, uint16_t Size)
功能简述	串口中断接收设定函数（接收前都必须调用一次）
形参	huart：串口句柄，如&huart1、&huart2 等
	pData：接收缓冲地址，实际上就是用于存放接收数据的字节型数组地址
	Size：接收缓冲长度
返回值	HAL：状态，如 HAL_OK、HAL_ERROR、HAL_BUSY、HAL_TIMEOUT，不常用
应用举例	//打开串口 1 接收中断，接收数据存入 dat 数组，数组长度为 1 if(HAL_UART_Receive_IT(&huart1,dat,1）!= HAL_OK) { Error_Handler(); }

HAL_UART_Transmit 函数：

函数	HAL_StatusTypeDef HAL_UART_Transmit (UART_HandleTypeDef * huart, uint8_t * pData, uint16_t Size, uint32_t Timeout)
功能简述	串口数据发送函数
形参	huart：串口句柄，如&huart1、&huart2 等
	pData：发送缓冲地址，实际上就是用于存放发送数据的字节型数组地址
	Size：发送缓冲长度
	Timeout：超时时间，单位为 ms
返回值	HAL：状态，如 HAL_OK、HAL_ERROR、HAL_BUSY、HAL_TIMEOUT，不常用
应用举例	//由串口 1 发送存储在 dat 数组中的数据包，数组长度为 1，超时 1s if(HAL_UART_Transmit(&huart1,dat,1,1000）!= HAL_OK) { Error_Handler(); }

HAL_UART_RxCpltCallback 函数：

函数	void HAL_UART_RxCpltCallback (UART_HandleTypeDef * huart)
功能简述	串口接收回完毕调函数
形参	huart：串口句柄，如&huart1、&huart2 等
返回值	无

应用举例	//串口 1 接收完毕回调
	void HAL_UART_RxCpltCallback (UART_HandleTypeDef *huart)
	{
	　　　　if(huart==&huart1){…}
	}

main.c 程序：

```
#include "main.h"
/* Private variables -------------------------------------------*/
UART_HandleTypeDef huart1;
/* USER CODE BEGIN PV */
uint8_t rf=0;
uint8_t dat[1]={0xab};
/* USER CODE END PV */
/* Private function prototypes ---------------------------------*/
void SystemClock_Config(void);
static void MX_GPIO_Init(void);
static void MX_USART1_UART_Init(void);
int main(void)
{
  /* MCU Configuration--------------------------------------------*/
  /* Reset of all peripherals, Initializes the Flash interface and the
Systick. */
```

```
HAL_Init();
/* Configure the system clock */
SystemClock_Config();
/* Initialize all configured peripherals */
MX_GPIO_Init();
MX_USART1_UART_Init();
/* USER CODE BEGIN 2 */
HAL_UART_Receive_IT(&huart1,dat,1);
/* USER CODE END 2 */
/* Infinite loop */
/* USER CODE BEGIN WHILE */
while (1)
{
    uint8_t x;
    if(rf==1)
    {
        rf=0;
        x=dat[0];
        dat[0]=(x<<4)|(x>>4);
        HAL_UART_Transmit(&huart1,dat,1,1);
        HAL_UART_Receive_IT(&huart1,dat,1);
    }
    /* USER CODE END WHILE */
}
}
......
/* USER CODE BEGIN 4 */
void HAL_UART_RxCpltCallback (UART_HandleTypeDef *huart)
{
    if(huart==&huart1)
    {
        rf=1;
    }
}
/* USER CODE END 4 */
......
```

在上述程序中，使用了串口接收中断、串口发送阻塞的组合模式，完美支持 Proteus
仿真运行。如果使用实验板验证，则只需要在下载完程序后，将实验板的串行下载口（串
口 1）与计算机串口相连即可通电运行。

4.7　串口通信之总线通信*

能力目标

了解 Modbus_RTU 协议，掌握该协议中的"写单个线圈"指令，能编写相应的单片机应用程序。

任务目标

本任务电路同图 3-34 LED 流水灯仿真电路，将计算机与单片机实验板通过串口相连，MCGS 上位机组态画面如图 4-29 所示，图 4-28 中的 8 个按钮对应单片机实验板 8 个 LED，要求按下其中某个按钮，对应的 LED 点亮；松开按钮，对应的 LED 熄灭。

特别说明：本项目暂时仅支持实验板验证。

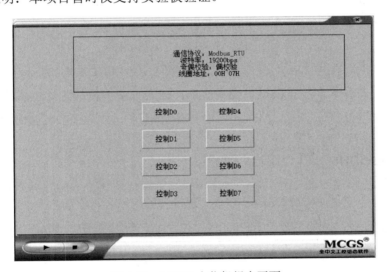

图 4-29　MCGS 上位机组态画面

值得注意的是，由于 8.8 SP1 版本的 Proteus 存在缺陷，STM32F103R6 单片机的串口在接收字节串时，字节长度不能大于 1，因此本任务程序无法通过 Proteus 仿真，仅支持实验板验证。

4.7.1　CRC

由于受到环境干扰等因素的影响，数据在传递过程中，收发数据的一致性往往得不到保证，因此通常需要对数据包进行校验，如果通不过校验，则将整个数据包丢弃。

CRC（Cyclic Redundancy Check，循环冗余校验）是一种主流的数据校验技术，其原理为，发送端将待发送数据包按照一定的规则进行计算后得到一组校验码，然后将待发送数据包连同校验码一同打包进行发送，接收端收到数据包之后按同样的规则进行校验，以确定是否采用该数据包。

常用的 CRC 有如下 6 种版本。

- CRC-8。

- CRC-12。

- CRC-16。

- CRC-CCITT。

- CRC-32。

- CRC-32C。

本任务介绍的 Modbus_RTU 协议采用了 CRC-16，由于 CRC 算法原理十分复杂，因此本课程不做深入介绍，仅提供校验程序，读者直接调用校验码生成函数即可。有兴趣的同学也可以登录美信（Maxim）半导体官网进一步了解 CRC 的原理及算法。

4.7.2　Modbus_RTU 协议概述

Modbus 协议是由美国 Modicon 公司（现已被施耐德公司收购）于 1979 年提出的一种可用于工业现场的总线协议。Modbus 协议仅定义了数据链路层协议，可用于 RS-232、RS-422、RS-485 等串行总线。Modbus 协议分为 Modbus_RTU、Modbus_ASCII 两种，本书仅介绍 Modbus_RTU 协议，并且重点介绍与本任务相关的"写单个线圈"指令。

如图 4-30 所示，Modbus 协议采用一主多从式拓扑结构，即一个主站"统领"若干从站，主站没有地址，而从站地址用一字节表示。主站对从站进行逐个访问，从站被动应答。

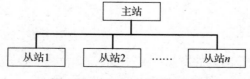

图 4-30　Modbus 总线拓扑图

Modbus 通信数据包格式如图 4-31 所示，其中 ADU（Application Data Unit，应用数据单元）即完整数据包，由 1 字节的地址域、PDU（Protocol Data Unit，协议数据单元）和 2 字节的差错校验码构成。地址域即从站地址，差错校验码即 CRC-16 校验码。

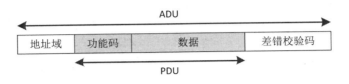

图 4-31　Modbus 通信数据包格式

Modbus 协议的功能本质上就是主站对从站存储单元的读写。从站存储单元有 2 类，即线圈和寄存器，其中线圈就是布尔变量（Bit），寄存器就是 16 位无符号数据（Word）。不同的功能码代表了主站对从站存储单元不同的读写行为，长度为 1 字节。Modbus 常用的功能码如表 4-7 所示。

表 4-7　Modbus 常用的功能码

功　能　码	功　　能	功　能　码	功　　能
0x01	读线圈	0x03	读寄存器
0x05	写单个线圈	0x06	写单个寄存器
0x0F	写多个线圈	0x10	写多个寄存器

"写单个线圈"指令格式如表 4-8 所示。

表 4-8　"写单个线圈"指令格式

主站指令							
地址域	功能码 0x05	线圈地址 H	线圈地址 L	线圈状态 H	线圈状态 L	校验码 H	校验码 L
从站响应							
地址域	功能码 0x05	线圈地址 H	线圈地址 L	线圈状态 H	线圈状态 L	校验码 H	校验码 L

线圈地址由 2 字节构成，即地址范围为 0x0000~0xFFFF，线圈状态也由 2 字节构成，0x0000 代表"OFF"状态，0xFF00 代表"ON"状态。值得注意的是，"写单个线圈"指令的从站响应数据包格式与主站指令数据包格式完全相同。

4.7.3　任务程序的编写

不妨约定 Modbus 从站，也就是单片机实验板的地址为 0x01，8 个发光二极管 D0~D7 的线圈地址依次为 0x0000~0x0007，"ON"代表点亮、"OFF"代表熄灭。

为了提高单片机 CPU 的执行效率，串口读取、发送数据均采用中断方式。

本任务需要使用的新的 API 函数如下。

HAL_UART_Transmit_IT 函数：

函数	HAL_StatusTypeDef HAL_UART_Transmit_IT (UART_HandleTypeDef * huart, uint8_t *pData, uint16_t Size)
功能简述	串口发送并且开中断
形参	huart：串口句柄，如&huart1、&huart2 等
	pData：发送缓冲地址，实际上就是用于存放接收数据的字节型数组地址
	Size：发送缓冲长度
返回值	HAL：状态，如 HAL_OK、HAL_ERROR、HAL_BUSY、HAL_TIMEOUT，不常用
应用举例	//将数组 dat 中的第一个元素通过串口 1 发送并开中断
	if(HAL_UART_Transmit_IT(&huart1,dat,1) != HAL_OK) { Error_Handler(); }

HAL_UART_TxCpltCallback 函数：

函数	void HAL_UART_TxCpltCallback (UART_HandleTypeDef *huart)
功能简述	串口发送完毕回调函数
形参	huart：串口句柄，如&huart1、&huart2 等
返回值	无
应用举例	//串口 1 发送完毕回调
	void HAL_UART_TxCpltCallback (UART_HandleTypeDef *huart)
	{
	if(huart==&huart1){...}
	}

crc16.h 头文件中的部分代码：

```
/* 高位字节的 CRC 值表 */
static uint8_t auchCRCHi[]={......};   //内容太多，请看随书赠送的源码
/* 低位字节的 CRC 值表 */
static uint8_t auchCRCLo[]={......};   //内容太多，请看随书赠送的源码
/*********
crc 校验码生成函数
形参：
puchMsg：校验字节数组首地址
usDataLen：校验数组长度
返回值：
16 位校验码
*********/
uint16_t crc16_gen(uint8_t *puchMsg,uint16_t usDataLen)
{
    uint8_t uchCRCHi=0xff;
```

```
    uint8_t uchCRCLo=0xff;
    uint16_t uIndex;
    while(usDataLen--)
    {
        uIndex =uchCRCLo^*puchMsg++;
        uchCRCLo=uchCRCHi^auchCRCHi[uIndex];
        uchCRCHi=auchCRCLo[uIndex];
    }
    return (uchCRCLo<<8|uchCRCHi);
}
```

　　CRC16 校验程序摘自美信半导体官网，结合 STM32 单片机特性稍微进行修改后存入头文件 "crc16.h"，只需要将头文件复制到 "...\Core\Inc\" 目录，并在主文件 "main.c" 中将头文件包含进来即可。

　　main.c 程序：

```
/* Includes ------------------------------------------------------
----------*/
#include "main.h"
/* Private includes ---------------------------------------------
----------*/
/* USER CODE BEGIN Includes */
#include "crc16.h"
/* USER CODE END Includes */
/* Private variables --------------------------------------------
----------*/
UART_HandleTypeDef huart1;
/* USER CODE BEGIN PV */
uint8_t rf=0;
uint8_t RcvDat[8];
/* USER CODE END PV */
/* Private function prototypes ----------------------------------
----------*/
void SystemClock_Config(void);
static void MX_GPIO_Init(void);
static void MX_USART1_UART_Init(void);
int main(void)
{
    /* MCU Configuration-----------------------------------------
----------*/
    /* Reset of all peripherals, Initializes the Flash interface and the
Systick. */
    HAL_Init();
    /* Configure the system clock */
```

```
SystemClock_Config();
/* Initialize all configured peripherals */
MX_GPIO_Init();
MX_USART1_UART_Init();
/* USER CODE BEGIN 2 */
HAL_UART_Receive_IT(&huart1,RcvDat,8);
/* USER CODE END 2 */
/* Infinite loop */
/* USER CODE BEGIN WHILE */
while (1)
{
    if(rf==1)
    {
        rf=0;
        /*数据包的解析*/
        if(crc16_gen(RcvDat,8)==0 && RcvDat[0]==1 && RcvDat[1]==0x05)
        {
            /*线圈0*/
            if(RcvDat[2]==0 && RcvDat[3]==0)
            {
                if      (RcvDat[4]==0xff && RcvDat[5]==0)
                    HAL_GPIO_WritePin(GPIOC,
GPIO_PIN_0,GPIO_PIN_RESET);  //ON
                else if(RcvDat[4]==0x00 && RcvDat[5]==0)
                    HAL_GPIO_WritePin(GPIOC,
GPIO_PIN_0,GPIO_PIN_SET);    //OFF
            }
            /*线圈1*/
            if(RcvDat[2]==0 && RcvDat[3]==1)
            {
                if      (RcvDat[4]==0xff && RcvDat[5]==0)
                    HAL_GPIO_WritePin(GPIOC,
GPIO_PIN_1,GPIO_PIN_RESET);  //ON
                else if(RcvDat[4]==0x00 && RcvDat[5]==0)
                    HAL_GPIO_WritePin(GPIOC,
GPIO_PIN_1,GPIO_PIN_SET);    //OFF
            }
            /*线圈2~7代码相近，此处略*/
            ......
            HAL_UART_Transmit_IT(&huart1,RcvDat,8);
        }
        else
        {
            HAL_UART_Receive_IT(&huart1,RcvDat,8);
        }
    }
/* USER CODE END WHILE */
```

```
    }
  }
......
/* USER CODE BEGIN 4 */
//串口接收完毕回调函数
void HAL_UART_RxCpltCallback (UART_HandleTypeDef *huart)
{
    if(huart==&huart1)
    {
        rf=1;
    }
}
//串口发送完毕回调函数
void HAL_UART_TxCpltCallback (UART_HandleTypeDef *huart)
{
    if(huart==&huart1)
    {
        HAL_UART_Receive_IT(&huart1,RcvDat,8);
    }
}
/* USER CODE END 4 */
......
```

值得注意的是，这里从站在收到来自主站的指令数据包后，选择将整个数据包（包括校验码）一同校验，如果结果为 0，则表示校验通过。当然也可以将收到的指令数据包去掉最后 2 字节后校验，再将生成的校验码与数据包中自带的校验码进行对比，如果一致则表示校验通过，但采用校验整个数据包的方式编程更简单。

4.8　热敏电阻+ADC 的温度采集

能力目标

了解 NTC 电阻阻值与温度之间的非线性关系，理解并掌握 ADC 的使用方法，能利用查表法根据检测到的阻值换算温度。

任务目标

温度采集与数据输出仿真电路如图 4-32 所示，单片机每隔 1 秒采集一次温度值（0~40℃），并通过串口输出（ASCII 格式）。

如果只需要通过串口输出字符串，可以不通过虚拟串口与串口助手相连，使用 Proteus 虚拟仪表中的虚拟终端（Virtual Terminal）即可。

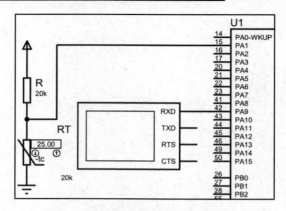

图 4-32　温度采集与数据输出仿真电路

温度采集与数据输出仿真电路中的虚拟元器件及仪表如表 4-9 所示。

表 4-9　温度采集与数据输出仿真电路中的虚拟元器件及仪表

名　　称	说　　明
STM32F103R6	单片机
RES	电阻
NTC	热敏电阻（负温度系数）
VIRTUAL TERMINAL	虚拟终端（虚拟仪表）

4.8.1　热敏电阻

热敏电阻是一种对温度敏感的特殊电阻元器件，可分为 PTC（Positive Temperature Coefficient，正温度系数）电阻和 NTC（Negative Temperature Coefficient，负温度系数）电阻 2 种，其特征曲线如图 4-33 所示。

由图 4-33 可知，PTC 电阻特征曲线存在极点，不适合用来制作检测装置中的传感器；而 NTC 电阻特征曲线单调递减，适合用来制作检测温度的传感器。

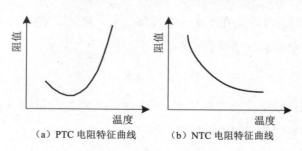

（a）PTC 电阻特征曲线　　　　（b）NTC 电阻特征曲线

图 4-33　热敏电阻特征曲线

NTC 电阻的温度和阻值之间的计算关系为

$$R_t = R_0 \times e^{B\left(\frac{1}{273.15+t} - \frac{1}{273.15+t_0}\right)} \tag{4-1}$$

式中，t 是随机温度（单位为℃）；R_t 是与之对应的阻值（单位为Ω），(t_0, R_0) 是曲线上的特殊点，即 25℃时的电阻阻值；B 是热敏指数，不同型号的热敏电阻 B 值也不尽相同。

在单片机项目中，考虑到单片机的计算能力有限，通常先计算出温度取值范围内的若干特征点。例如，在本任务中，在 0℃到 40℃之间每隔 1℃计算得到 1 个 R_t 值，然后将这些特征点用直线连接，构成近似的连续曲线。特征点取得越密集，曲线就越逼近真实的特征曲线。

4.8.2 ADC

在单片机控制系统中，反馈通道需要采集控制系统的受控量。例如，热带鱼鱼缸水温控制系统需要通过温度传感器采集鱼缸中水的温度；电动机转速控制系统需要通过测速发电机或编码器等测速传感器检测电动机转速等。绝大部分传感器都是将被测量转换为电压或电流模拟量信号，不能直接被单片机所识别，因此必须在传感器的输出端使用一个模/数转换器（Analog to Digital Converter，简称 ADC），将传感器输出的模拟量信号转换为相应的数字量信号，再送给单片机进行控制处理。单片机控制系统反馈通道的信号处理过程如图 4-34 所示。

图 4-34 单片机控制系统反馈通道的信号处理过程

STM32F103R6 单片机自带 2 个 ADC（ADC1、ADC2），它们的作用是将输入的模拟量电压信号转换为数字量信号输出，特性如下。

- 12 位 ADC，每个 ADC 均具备 16 个外部通道（编号为 0~15），其中 ADC1 有 1 路内部通道（编号为 16）连接到 STM32 单片机内部温度传感器。

- 转换模拟量电压范围：0~3.6V。

- 支持单次或连续转换模式。

- 支持多通道的自动扫描模式。

- 支持转换结果的左对齐或右对齐模式。

- 支持 DMA。

- 最高支持 14MHz 工作频率。

ADC 每一次转换过程需要的时间称为转换时间。转换时间的长短取决于输入时钟（ADC 工作频率）与采样周期 2 个参数，这 2 个参数都可以在 STM32CubeIDE 中进行图形化设置，转换时间的计算公式为

$$转换时间\ T_{COVN}=采样周期+12.5\ 周期$$

ADC 转换的 12 位数字量结果支持以左对齐（Left Alignment）或右对齐（Right Alignment）模式存储。左对齐模式即转换结果占 16 位存储器的高 12 位，低 4 位留空，此时的取值范围是 0x0000~0xfff0；右对齐模式即转换结果占 16 位存储器的低 12 位，高 4 位留空，此时的取值范围是 0x0000~0x0fff。

4.8.3 任务程序的编写

首先确立 ADC 转换的数字量与温度之间的关系，由图 4-32 可知，NTC 电阻阻值 R_t 与 ADC 读取数字量 D 之间的关系为

$$\frac{R_t}{R_t+R}=\frac{D}{D_{max}} \Rightarrow D=\frac{D_{max}R_t}{R_t+R} \tag{4-2}$$

式中，D_{max} 为数字量最大值，当 ADC 设定为右对齐模式时，D_{max} 取 0x0fff；当 ADC 设定为左对齐模式时，D_{max} 取 0xfff0。

式（4-1）可建立 t-R_t 坐标，式（4-2）可建立 R_t-D 坐标，联合这 2 个公式可求得 t-D 坐标上的特征点，温度采集与数据输出仿真电路中采用的 NTC 电阻默认参数如图 4-35 所示，即 $t_0=25℃$，$R_0=20k\Omega$，$B=4050$。

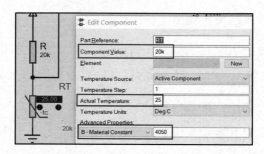

图 4-35 温度采集与数据输出仿真电路中采用的 NTC 电阻默认参数

例如，可以采用 Excel 软件进行特征点的计算，如表 4-10 所示。

表 4-10　温度采集与数据输出仿真电路的 NTC 电阻的 *t-D* 特征点

t	D	t	D	t	D	t	D
0	3178	11	2708	22	2189	33	1688
1	3139	12	2662	23	2141	34	1645
2	3099	13	2615	24	2094	35	1603
3	3059	14	2569	25	2048	36	1562
4	3017	15	2521	26	2001	37	1522
5	2975	16	2474	27	1955	38	1482
6	2932	17	2427	28	1909	39	1442
7	2888	18	2379	29	1864	40	1404
8	2844	19	2331	30	1819		
9	2799	20	2284	31	1775		
10	2754	21	2236	32	1731		

在表 4-10 中，温度 *t* 的单位是℃。

当 ADC 转换结果 *D* 介于 2 个特征值之间（如 $D_2 < D \leqslant D_1$）时，可得

$$\frac{D-D_1}{t-t_1} = \frac{D_2-D_1}{t_2-t_1} \implies t = \frac{(D-D_1)(t_2-t_1)}{D_2-D_1} + t_1 \tag{4-3}$$

在编写单片机程序时，根据表 4-10 中的特征点并利用式（4-3），可由 ADC 转换的数字量 *D* 直接求得对应的温度值。

然后进行工程的图形化配置，如图 4-36 所示，依次选择"Analog"→"ADC1"选项，选中"IN1"（通道 1）复选框，其余均采用默认设定。

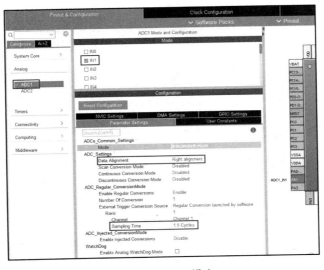

图 4-36　ADC 设定

如图 4-37 所示，在设定时钟树时，ADC 输入时钟直接采用了系统默认的 4MHz，结合系统默认设定的采样周期（1.5 采样周期），此时的 ADC 转换时间为

$$T_{COVN}=1.5 \text{ 采样周期}+12.5 \text{ 采样周期}=14 \text{ 采样周期}=14/4（MHz）=3.5（\mu s）$$

由此可见，1s 采集一次温度值完全来得及。

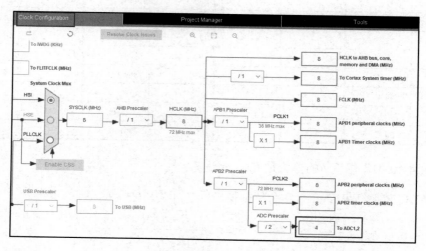

图 4-37　时钟树设定

打开串口 1，设定串口 1 参数：波特率为 19200bit/s，无校验模式。

一键生成初始化代码后，进入编程界面，完成其他代码的编写。

本任务需要使用的新的 API 函数如下。

HAL_ADC_Start 函数：

函数	HAL_StatusTypeDef HAL_ADC_Start (ADC_HandleTypeDef *hadc)
功能简述	ADC 运行启动函数
形参	hadc：ADC 句柄，如&hadc1、&hadc2 等
返回值	HAL：状态，如 HAL_OK、HAL_ERROR、HAL_BUSY、HAL_TIMEOUT，不常用
应用举例	//启动 ADC1 if(HAL_ADC_Start (&hadc1) != HAL_OK) { Error_Handler(); }

HAL_ADC_Stop 函数：

函数	HAL_StatusTypeDef HAL_ADC_Stop (ADC_HandleTypeDef *hadc)
功能简述	ADC 运行停止函数
形参	hadc：ADC 句柄，如&hadc1、&hadc2 等
返回值	HAL：状态，如 HAL_OK、HAL_ERROR、HAL_BUSY、HAL_TIMEOUT，不常用
应用举例	//停止 ADC1 if(HAL_ADC_Stop (&hadc1) != HAL_OK) { Error_Handler(); }

HAL_ADC_PollForConversion 函数：

函数	HAL_StatusTypeDef HAL_ADC_PollForConversion (ADC_HandleTypeDef * hadc, uint32_t Timeout)
功能简述	等待 ADC 转换过程结束函数
形参	hadc：ADC 句柄，如&hadc1、&hadc2，等
	Timeout：超时时间，单位为 ms，如 10 表示 10ms
返回值	HAL：状态，例如 HAL_OK、HAL_ERROR、HAL_BUSY、HAL_TIMEOUT，不常用
应用举例	//等待 ADC1 转换结束，超时设定为 10ms if(HAL_ADC_PollForConversion (&hadc1, 10) != HAL_OK) { Error_Handler(); }

HAL_ADC_ConfigChannel 函数：

函数	HAL_StatusTypeDef HAL_ADC_ConfigChannel (ADC_HandleTypeDef * hadc, ADC_ChannelConfTypeDef *sConfig)
功能简述	选择 ADC 通道
形参	hadc：ADC 句柄，如&hadc1、&hadc2 等
	sConfig：ADC 通道结构体，可参考自动生成的初始化代码
返回值	HAL：状态，如 HAL_OK、HAL_ERROR、HAL_BUSY、HAL_TIMEOUT，不常用

应用举例	//选择 ADC1 的通道 1
	ADC_ChannelConfTypeDef sConfig = {0}; //建立 sConfig 结构体
	sConfig.Channel = ADC_CHANNEL_1; //选择通道 1
	sConfig.Rank = ADC_REGULAR_RANK_1;
	sConfig.SamplingTime = ADC_SAMPLETIME_1CYCLE_5;
	if (HAL_ADC_ConfigChannel(&hadc1, &sConfig) != HAL_OK) { Error_Handler(); }

HAL_ADC_GetValue 函数：

函数	uint32_t HAL_ADC_GetValue (ADC_HandleTypeDef * hadc)
功能简述	读取 ADC 转换结果
形参	hadc：ADC 句柄，如&hadc1、&hadc2 等
返回值	ADC：ADC 转换结果，32 位无符号整型数据

应用举例	//读取 ADC1 的转换结果
	uint32_t adcv;
	adcv=HAL_ADC_GetValue(&hadc1);

main.c 程序：

```
/* Includes ------------------------------------------------
---------*/
#include "main.h"
/* Private includes ----------------------------------------
---------*/
/* USER CODE BEGIN Includes */
#include "stdio.h"
```

```
    /* USER CODE END Includes */
    /* Private variables -------------------------------------------
---------*/
   ADC_HandleTypeDef hadc1;
   UART_HandleTypeDef huart1;
   /* USER CODE BEGIN PV */
   //温度 t-数字量 D 关系数组
   const uint32_t tD[]=
   {
       3178,  //t=0
       3139,3099,3059,3017,2975,2932,2888,2844,2799,2754,  //t=1~10
       2708,2662,2615,2569,2521,2474,2427,2379,2331,2284,  //t=11~20
       2236,2189,2141,2094,2048,2001,1955,1909,1864,1819,  //t=21~30
       1775,1731,1688,1645,1603,1562,1522,1482,1442,1404   //t=31~40
   };
   /* USER CODE END PV */
   /* Private function prototypes -----------------------------------
---------*/
   void SystemClock_Config(void);
   static void MX_GPIO_Init(void);
   static void MX_ADC1_Init(void);
   static void MX_USART1_UART_Init(void);
   /* USER CODE BEGIN PFP */
   float D2t(uint32_t D);
   /* USER CODE END PFP */
   int main(void)
   {
     /* USER CODE BEGIN 1 */
       ADC_ChannelConfTypeDef sConfig = {0};   //建立 sConfig 结构体
       char str[20];
       float t;
       uint32_t adcv;
     /* USER CODE END 1 */
     /* MCU Configuration--------------------------------------------
--------*/
     /* Reset of all peripherals, Initializes the Flash interface and the
Systick. */
     HAL_Init();
     /* USER CODE BEGIN Init */
       sConfig.Rank = ADC_REGULAR_RANK_1;
       sConfig.SamplingTime = ADC_SAMPLETIME_1CYCLE_5;
     /* USER CODE END Init */
     /* Configure the system clock */
     SystemClock_Config();
     /* Initialize all configured peripherals */
```

```
MX_GPIO_Init();
MX_ADC1_Init();
MX_USART1_UART_Init();
/* Infinite loop */
/* USER CODE BEGIN WHILE */
while (1)
 {
     sConfig.Channel = ADC_CHANNEL_1;   //选择通道1
     HAL_ADC_ConfigChannel(&hadc1, &sConfig);
     HAL_ADC_Start(&hadc1);
     HAL_ADC_PollForConversion(&hadc1,10);
     adcv=HAL_ADC_GetValue(&hadc1);
     HAL_ADC_Stop(&hadc1);
     t=D2t(adcv);
     sprintf(str,"%f",t);
     HAL_UART_Transmit(&huart1,&"temperature:",12,10);
     HAL_UART_Transmit(&huart1,str,5,10);
     HAL_UART_Transmit(&huart1,&"\n\r",2,10);
     HAL_Delay(1000);
   /* USER CODE END WHILE */
 }
}

......
/* USER CODE BEGIN 4 */
//根据 ADC 转换结果计算温度值
float D2t(uint32_t D)
{
    uint32_t D1,D2,i;
    float t=0,t1;
    for(i=0;i<=39;i++)
    {
        if(D>=tD[i+1] && D<=tD[i])
        {
            D1=tD[i];
            D2=tD[i+1];
            t1=(float)i;
            t=(float)(D1-D)/(float)(D1-D2)+t1;
            break;
        }
    }
    return t;
}
/* USER CODE END 4 */

......
```

温度采集与数据输出仿真电路运行结果如图 4-38 所示。

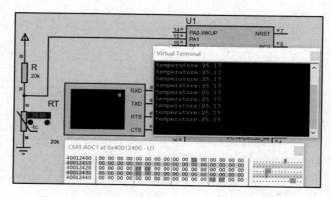

图 4-38　温度采集与数据输出仿真电路运行结果

由图 4-38 可知，输出的温度值与热敏电阻检测的温度值之间出现了偏差，这是由计算中的近似取值带来的误差，实际使用中可以通过补偿系数的办法加以修正。

由于本任务比较简单，对 CPU 执行效率的要求不是很高，因此 ADC 部分的程序采用了编程方便的阻塞法。在实际项目中，为了提高 CPU 的执行效率，尤其是多通道 ADC 应用项目，推荐使用中断或 DMA 的工作方式，这里不做深入探讨。

main.c 程序在向串口输出字符串的时候，使用了"HAL_UART_Transmit"函数，如果程序使用 Keil MDK 开发软件的读者也可以尝试使用"printf"函数。

需要补充说明的是，这里使用了字符串格式化指令函数，即 sprintf()函数，其声明格式为：

```
int sprintf(char *string, char *format [,argument,...]);
```

sprintf()函数的作用是将任意格式的数字转化为字符串并返回字符串长度，比如，本任务 main.c 程序中的语句"sprintf(str,"%f",t);"的作用是将浮点型变量"t"转化为字符串写入字符型数组"str"中。浮点型变量数字的位数越多，字符型数组的有效长度越长。

4.9　Flash ROM 的读写

能力目标

了解 STM32F103R6 单片机 Flash ROM 的基本结构与工作特性，掌握 Flash ROM 的读写方法。

任务目标

Flash ROM 读写仿真电路如图 4-39 所示，单片机能将由串口收到的 1 字节数据存入 Flash ROM 的指定地址；按下按钮 BTN，单片机将存储在 Flash ROM 指定地址的 1 字节数据通过串口发送。串口通信参数：波特率为 19200bit/s；无校验。

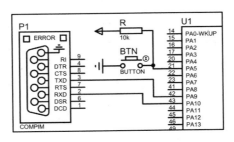

图 4-39　Flash ROM 读写仿真电路

Flash ROM 读写仿真电路中的虚拟元器件如表 4-11 所示。

表 4-11　Flash ROM 读写仿真电路中的虚拟元器件

名　　称	说　　明
STM32F103R6	单片机
RES	电阻
BUTTON	按钮
COMPIM	串口组件，用于连接计算机虚拟串口

4.9.1　Flash ROM

STM32 单片机 Flash ROM（程序存储器）的作用是存放用户编写的单片机程序（机器码）。用户通常都是利用专用的工具软件来下载单片机程序的，操作过程自动化程度很高，不了解 Flash ROM 的内部结构与工作特性也不影响操作。

实际上，Flash ROM 除可以用来存放单片机程序外，也可以用来保存数据。例如，Flash ROM 可以用来存放一些既可做修改，又能断电保存的数据，如设备或模块的设定参数。Flash ROM 的读写操作需要借助于特定的 API 函数，遵循特定的操作步骤，也需要对 Flash ROM 的结构及工作特性有一定的认知。

STM32F103R6 单片机具有 32KB 的 Flash ROM，地址为 0x0800 0000~0x08000 7FFF，每 1KB 为 1 页，共 32 页，如表 4-12 所示。

表 4-12　STM32F103R6 单片机的 Flash ROM 分页

名　　称	地 址 范 围	名　　称	地 址 范 围
Page0	0x0800 0000~0x0800 03FF	Page16	0x0800 4000~0x0800 43FF
Page1	0x0800 0400~0x0800 07FF	Page17	0x0800 4400~0x0800 47FF
Page2	0x0800 0800~0x0800 0BFF	Page18	0x0800 4800~0x0800 4BFF
Page3	0x0800 0C00~0x0800 0FFF	Page19	0x0800 4C00~0x0800 4FFF
Page4	0x0800 1000~0x0800 13FF	Page20	0x0800 5000~0x0800 53FF
Page5	0x0800 1400~0x0800 17FF	Page21	0x0800 5400~0x0800 57FF
Page6	0x0800 1800~0x0800 1BFF	Page22	0x0800 5800~0x0800 5BFF
Page7	0x0800 1C00~0x0800 1FFF	Page23	0x0800 5C00~0x0800 5FFF
Page8	0x0800 2000~0x0800 23FF	Page24	0x0800 6000~0x0800 63FF
Page9	0x0800 2400~0x0800 27FF	Page25	0x0800 6400~0x0800 67FF
Page10	0x0800 2800~0x0800 2BFF	Page26	0x0800 6800~0x0800 6BFF
Page11	0x0800 2C00~0x0800 2FFF	Page27	0x0800 6C00~0x0800 6FFF
Page12	0x0800 3000~0x0800 33FF	Page28	0x0800 7000~0x0800 73FF
Page13	0x0800 3400~0x0800 37FF	Page29	0x0800 7400~0x0800 77FF
Page14	0x0800 3800~0x0800 3BFF	Page30	0x0800 7800~0x0800 7BFF
Page15	0x0800 3C00~0x0800 3FFF	Page31	0x0800 7C00~0x0800 7FFF

Flash ROM 的数据写入步骤如图 4-40 所示。

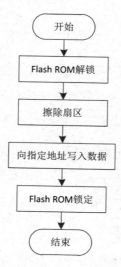

图 4-40　Flash ROM 的数据写入步骤

Flash ROM 的数据读取则没有烦琐的步骤，直接读取即可。

4.9.2　任务程序的编写

由于 Flash ROM 读写没有图形化配置步骤，本任务仅须配置串口和 GPIO，因此过程略去。

本任务需要使用的新的 API 函数如下。

HAL_FLASH_Unlock 函数：

函数	HAL_StatusTypeDef HAL_FLASH_Unlock (void)
功能简述	解锁 Flash ROM
形参	无
返回值	HAL：状态，如 HAL_OK、HAL_ERROR、HAL_BUSY、HAL_TIMEOUT，不常用
应用举例	if(HAL_FLASH_Unlock（）!= HAL_OK) { Error_Handler(); }

HAL_FLASH_Lock 函数：

函数	HAL_StatusTypeDef HAL_FLASH_Lock (void)
功能简述	锁定 Flash ROM
形参	无
返回值	HAL：状态，如 HAL_OK、HAL_ERROR、HAL_BUSY、HAL_TIMEOUT，不常用
应用举例	if(HAL_FLASH_Lock（）!= HAL_OK) { Error_Handler(); }

HAL_FLASHEx_Erase 函数：

函数	HAL_StatusTypeDef HAL_FLASHEx_Erase (FLASH_EraseInitTypeDef *pEraseInit, uint32_t *PageError)
功能简述	擦除 Flash ROM 指定部分
形参	pEraseInit：擦除参数设置结构体变量指针
	PageError：错误指针（一般不起作用）
返回值	HAL：状态，如 HAL_OK、HAL_ERROR、HAL_BUSY、HAL_TIMEOUT，不常用

应用举例	uint32_t　page_error = 0;　//错误
	FLASH_EraseInitTypeDef erase_initstruct =
	{
	　.TypeErase = FLASH_TYPEERASE_PAGES,　/* 擦除方式为页擦除 */
	　.NbPages = 1,　/* 页数量为 1 页 */
	　.PageAddress = 0x08006400　/* 擦除页起始地址 */
	　};
	if(HAL_FLASHEx_Erase(&erase_initstruct,&page_error); != HAL_OK) { Error_Handler(); }

其中，TypeErase 形参有如下 2 个宏定义选项。

- FLASH_TYPEERASE_PAGES（页擦除）。

- FLASH_TYPEERASE_MASSERASE（全部擦除）。

HAL_FLASH_Program 函数：

函数	HAL_StatusTypeDef HAL_FLASH_Program (uint32_t TypeProgram, uint32_t Address, uint64_t Data)
功能简述	将数据写入 Flash ROM
形参	TypeProgram：写入数据的长度
	Address：写入数据的地址
	Data：数据
返回值	HAL：状态，如 HAL_OK、HAL_ERROR、HAL_BUSY、HAL_TIMEOUT，不常用
应用举例	HAL_FLASH_Program(FLASH_TYPEPROGRAM_HALFWORD, 0x08006400, 0x1234);

其中，TypeProgram 形参有如下 3 个宏定义选项。

- FLASH_TYPEPROGRAM_HALFWORD（半字，长度为 16 位）。

- FLASH_TYPEPROGRAM_WORD（单字，长度为 32 位）。

- FLASH_TYPEPROGRAM_DOUBLEWORD（双字，长度为 64 位）。

main.c 程序：

```
/* Includes ------------------------------------------------
---------*/
#include "main.h"
/* Private macro -------------------------------------------
---------*/
/* USER CODE BEGIN PM */
#define _FLASH_ADD 0x08006400  //写入 Flash ROM 首地址
/* USER CODE END PM */
/* Private variables ---------------------------------------
---------*/
UART_HandleTypeDef huart1;
/* USER CODE BEGIN PV */
uint8_t rf=0;          //自定义串口接收完毕标志
uint8_t RcvBuf[1];  //接收缓冲
uint8_t SndBuf[1];  //发送缓冲
/* USER CODE END PV */
/* Private function prototypes -----------------------------
---------*/
void SystemClock_Config(void);
static void MX_GPIO_Init(void);
static void MX_USART1_UART_Init(void);
/* USER CODE BEGIN PFP */
void FlashErase(uint32_t Add);
```

```
void FlashWrite(uint32_t Add,uint16_t Dat);
uint16_t FlashRead(uint32_t Add);
/* USER CODE END PFP */
int main(void)
{
  /* USER CODE BEGIN 1 */
    uint16_t flash_wdat;
  /* USER CODE END 1 */
  /* MCU Configuration---------------------------------------------
--------*/
    /* Reset of all peripherals, Initializes the Flash interface and the
Systick. */
  HAL_Init();
  /* Configure the system clock */
  SystemClock_Config();
  /* Initialize all configured peripherals */
  MX_GPIO_Init();
  MX_USART1_UART_Init();
  /* USER CODE BEGIN 2 */
  HAL_UART_Receive_IT(&huart1,RcvBuf,1);
  /* USER CODE END 2 */
  /* Infinite loop */
  /* USER CODE BEGIN WHILE */
  while (1)
  {
      if(rf==1)
      {
          rf=0;
          flash_wdat=RcvBuf[0];
          FlashErase(_FLASH_ADD);
          FlashWrite(_FLASH_ADD,flash_wdat);
          HAL_UART_Receive_IT(&huart1,RcvBuf,1);
      }
      if(HAL_GPIO_ReadPin(GPIOA,GPIO_PIN_5)==GPIO_PIN_RESET)
      {
          HAL_Delay(25);
          if(HAL_GPIO_ReadPin(GPIOA,GPIO_PIN_5)==GPIO_PIN_RESET)
          {
              SndBuf[0]=(uint8_t)FlashRead(_FLASH_ADD);
              HAL_UART_Transmit(&huart1,SndBuf,1,10);
              while(HAL_GPIO_ReadPin(GPIOA,GPIO_PIN_5)==GPIO_PIN_RESET);
          }
      }
  /* USER CODE END WHILE */
  }
}
......
/* USER CODE BEGIN 4 */
void HAL_UART_RxCpltCallback (UART_HandleTypeDef *huart)
```

```
{
    if(huart==&huart1)
    {
        rf=1;
    }
}

/*******************************************************
Flash 页擦除
Add 表示待擦除页的首地址
Flash 必须整页擦除，也就是整页的每个地址单元内容均为 FFH 才能写入新数据
*******************************************************/
void FlashErase(uint32_t Add)
{
  uint32_t page_error = 0;
  FLASH_EraseInitTypeDef erase_initstruct =
  {
    .TypeErase = FLASH_TYPEERASE_PAGES,  /* 擦除方式为页擦除 */
    .NbPages = 1,   /* 页数量为1页 */
    .PageAddress = Add   /* 擦除页起始地址 */
  };
  HAL_FLASH_Unlock();
  HAL_FLASHEx_Erase(&erase_initstruct,&page_error);   //擦除
  HAL_FLASH_Lock();
}


/*******************************************************
Flash 写函数
写入1个 Half Word 数据（16位）型数据
Add 表示 Flash ROM 地址；Dat 表示写入数据（16位）
注意：写入时，高字节在高地址
*******************************************************/
void FlashWrite(uint32_t Add,uint16_t Dat)
{
  HAL_FLASH_Unlock();
  HAL_FLASH_Program(FLASH_TYPEPROGRAM_HALFWORD, Add, Dat);
  HAL_FLASH_Lock();
}
/*******************************************************
Flash 读函数，返回1个 Half Word（16位）型数据
Add 表示 Flash ROM 地址
*******************************************************/
uint16_t FlashRead(uint32_t Add)
{
  uint16_t dat;
  dat = *(uint16_t *)Add;
  return dat;
```

```
}
/* USER CODE END 4 */
......
```

Flash ROM 读写仿真电路运行结果如图 4-41 所示。

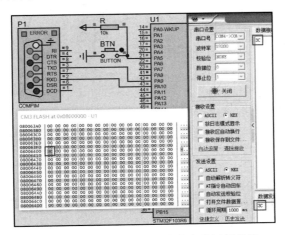

图 4-41　Flash ROM 读写仿真电路运行结果

由于 STM32 单片机的 Flash ROM 擦写次数有限（如 STM32F103R6 单片机的擦写次数仅为 1 万次），因此不建议在 Flash ROM 擦写频繁的电子产品及对安全性要求高的工业产品中使用 Flash ROM 保存产品的设定参数。通过外扩 E²PROM、FRAM、存储卡等方式，同样可以实现保存产品设定参数的目的。

4.10　RTC 的时钟设计

能力目标

了解 STM32 单片机自带 RTC 的基本功能，掌握输出及修改 RTC 日期和时间信息的方法。

任务目标

RTC 实验仿真电路如图 4-42 所示，单片机每隔 1 秒以“YYYY-MM-DD HH:MM:SS”的格式自动向串口输出日期和时间信息（ASCII 格式），起始时间设为“2020-05-20 12:36:00”，自动走时，按下按钮 BTN，时间自动恢复为起始时间。串口通信参数：波特率为 19200bit/s；无校验。

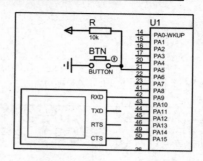

图 4-42　RTC 实验仿真电路

RTC 实验仿真电路中的虚拟元器件及仪表如表 4-13 所示。

表 4-13　RTC 实验仿真电路中的虚拟元器件及仪表

名　　称	说　　明
STM32F103R6	单片机
RES	电阻
BUTTON	按钮
VIRTUAL TERMINAL	虚拟终端（虚拟仪表）

4.10.1　STM32 单片机的 RTC

RTC 是 Real Time Clock（实时时钟）的首字母缩写形式，是一种常用的电子功能模块，有独立的 RTC 芯片，也有集成于单片机内的独立功能模块，常用于制作电子钟、电子表、电子万年历等计时工具。

STM32 单片机的 RTC 可以看作特殊的定时器，它可以根据输入的时钟源自动计时，用户只需要校准一次日期和时间即可自动走时。STM32 单片机的 RTC 可通过备用电源（纽扣电池）实现掉电保持和走时功能；此外，还提供了 1 个"闹钟"中断源和 1 个"秒"中断源，用户可以利用这 2 个中断源分别实现闹钟和秒点闪烁及显示时间更新的功能。

4.10.2　任务程序的编写

首先进行工程的图形化配置。如图 4-43 所示，在"Categories"（分类）界面中依次选择"Timers"（定时器）→"RTC"选项，在打开的"RTC Mode and Configuration"（RTC 模式与配置）界面中选中"Activate Clock Source"（激活时钟源）复选框和"Activate Calendar"（激活日历）复选框，激活时钟源和日历。值得注意的是，时钟源和日历是 2 个相对独立的功能，可以同时激活，也可以只激活其一，这取决于项目的需求。

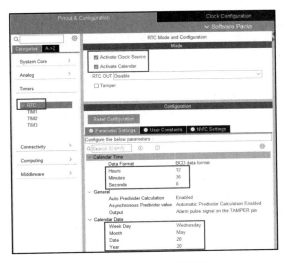

图 4-43　RTC 配置界面

在"Calendar Time"（日历时间）选项组中，分别设定"Hours"（时）"Minutes"（分）"Seconds"（秒）为"12""36""0"，表示起始时间为"12:36:00"；在"Calendar Date"（日历日期）选项中，分别设定"Week Day""Month""Date""Year"为"Wednesday""May""20""20"，表示起始时间为"2020-05-20"，"Wednesday"可通过查询手机日历或计算机日历获得。值得注意的是，"Calendar Time"选项组中的"Data Format"（数据格式）有 2 个选项，分别是"Binary Data Format"（字面意思是二进制数据格式，实际是十进制数据格式）和"BCD Data Format"（BCD 码数据格式），实际在设定的时候，这 2 个选项任选其一即可。

本任务若采用实验板实物验证，为追求时间精度，请尽可能使用外部低速晶振 LSE 作为 RTC 时钟源；若采用 Proteus 仿真验证，使用内部低速晶振 LSI 作为 RTC 时钟源即可。在图 4-44 中，选择了 LSI 作为 RTC 时钟源。

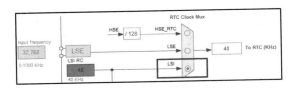

图 4-44　RTC 时钟源选择

然后设定串口 USART1 及 GPIO 引脚 PA5 的外部中断，一键生成初始化代码，之后进入编程界面完成其他代码的编写。

本任务需要使用的新的 API 函数如下。

HAL_RTC_GetTime 函数：

函数	HAL_StatusTypeDef HAL_RTC_GetTime (RTC_HandleTypeDef *hrtc, RTC_TimeTypeDef *sTime, uint32_t Format)
功能简述	RTC 时间获取函数
形参	hrtc：rtc 句柄，如&hrtc，一般一个 STM32 单片机只有一个 RTC
	sTime：时间结构体变量指针
	Format：时间/日期格式
返回值	HAL：状态，如 HAL_OK、HAL_ERROR、HAL_BUSY、HAL_TIMEOUT，不常用

应用举例	//以十进制格式读取 RTC 时间数据
	RTC_TimeTypeDef sTimeStructure;
	if(HAL_RTC_GetTime(&hrtc, &sTimeStructure, RTC_FORMAT_BIN) != HAL_OK)
	{ Error_Handler(); }

sTime 指向的时间结构体变量包含 3 个元素，分别如下。

- Hours（时），数据类型为 uint8_t。

- Minutes（分），数据类型为 uint8_t。

- Seconds（秒），数据类型为 uint8_t。

Format 具有 2 个宏定义选项，分别如下。

- RTC_FORMAT_BIN（字面意思是二进制数据格式，实际是十进制数据格式）。

- RTC_FORMAT_BCD（BCD 码数据格式）。

HAL_RTC_GetDate 函数：

函数	HAL_StatusTypeDef HAL_RTC_GetDate (RTC_HandleTypeDef *hrtc, RTC_DateTypeDef *sDate, uint32_t Format)
功能简述	RTC 日期获取函数
形参	hrtc：rtc 句柄，如&hrtc，一般一个 STM32 单片机只有一个 RTC
	sDate：日期结构体变量指针
	Format：时间/日期格式
返回值	HAL：状态，如 HAL_OK、HAL_ERROR、HAL_BUSY、HAL_TIMEOUT，不常用

应用举例	//以 BCD 码数据格式读取 RTC 日期数据
	RTC_TimeTypeDef sDateStructure;
	if(HAL_RTC_GetDate(&hrtc, &sDateStructure, RTC_FORMAT_BCD) != HAL_OK)
	{ Error_Handler(); }

sDate 指向的日期结构体变量包含 4 个元素，分别如下。

- Year（年），数据类型为 uint8_t，取值范围为 0~99（BIN 格式）或 0~0x99（BCD 格式）。

- Month（月），数据类型为 uint8_t，取值范围为 1～12（BIN 格式）或 1～0x12（BCD 格式）。

- Date（日），数据类型为 uint8_t，取值范围为 1～31（BIN 格式）或 1～0x31（BCD 格式）。

- WeekDay（星期），数据类型为 uint8_t，取值范围为 1～7。

HAL_RTC_SetTime 函数：

函数	HAL_StatusTypeDef HAL_RTC_SetTime (RTC_HandleTypeDef *hrtc, RTC_TimeTypeDef *sTime, uint32_t Format)
功能简述	RTC 时间设定函数
形参	hrtc：rtc 句柄，如&hrtc，一般一个 STM32 单片机只有一个 RTC
	sTime：时间结构体变量指针
	Format：时间/日期格式
返回值	HAL：状态，如 HAL_OK、HAL_ERROR、HAL_BUSY、HAL_TIMEOUT，不常用

应用举例	//以 BCD 码数据格式设定 RTC 时间 "12:36:00"
	RTC_TimeTypeDef sTimeStructure;
	sTimeStructure.Hours=0x12;
	sTimeStructure.Minutes=0x36;
	sTimeStructure.Seconds=0;
	if(HAL_RTC_SetTime(&hrtc, &sTimeStructure, RTC_FORMAT_BIN）!= HAL_OK)
	{ Error_Handler(); }

HAL_RTC_SetDate 函数：

函数	HAL_StatusTypeDef HAL_RTC_SetDate (RTC_HandleTypeDef *hrtc, RTC_DateTypeDef *sDate, uint32_t Format)
功能简述	RTC 日期设定函数
形参	hrtc：rtc 句柄，如&hrtc，一般一个 STM32 单片机只有一个 RTC
	sDate：日期结构体变量指针
	Format：时间/日期格式
返回值	HAL：状态，例如 HAL_OK、HAL_ERROR、HAL_BUSY、HAL_TIMEOUT，不常用

应用举例	//以十进制格式设定 RTC 日期数据 "2020-05-20 星期三"
	RTC_TimeTypeDef sDateStructure;
	sDateStructure.Year=20;
	sDateStructure.Month=5;
	sDateStructure.Date=20;
	sDateStructure.WeekDay=3;
	if(HAL_RTC_SetDate(&hrtc, &sDateStructure, RTC_FORMAT_BCD）!= HAL_OK)
	{ Error_Handler(); }

main.c 程序：

```
/* USER CODE END Header */
/* Includes -----------------------------------------------------*/
#include "main.h"
/* Private includes ---------------------------------------------*/
/* USER CODE BEGIN Includes */
#include "stdio.h"
/* USER CODE END Includes */
/* Private variables --------------------------------------------*/
RTC_HandleTypeDef hrtc;
UART_HandleTypeDef huart1;
/* Private function prototypes ----------------------------------*/
void SystemClock_Config(void);
static void MX_GPIO_Init(void);
static void MX_RTC_Init(void);
static void MX_USART1_UART_Init(void);
int main(void)
{
  /* USER CODE BEGIN 1 */
    RTC_DateTypeDef sDateStructure;
    RTC_TimeTypeDef sTimeStructure;
    char sYear[5];
    char sMonth[3];
    char sDate[3];
    char sHour[3];
    char sMin[3];
    char sSec[3];
  /* USER CODE END 1 */
  /* MCU Configuration--------------------------------------------*/
  /* Reset of all peripherals, Initializes the Flash interface and the
Systick. */
  HAL_Init();
  /* Configure the system clock */
  SystemClock_Config();
  /* Initialize all configured peripherals */
  MX_GPIO_Init();
  MX_RTC_Init();
  MX_USART1_UART_Init();
  /* Infinite loop */
  /* USER CODE BEGIN WHILE */
  while (1)
  {    //十进制格式
      HAL_RTC_GetTime(&hrtc, &sTimeStructure, RTC_FORMAT_BIN);
      //BCD 码格式
```

```
        HAL_RTC_GetDate(&hrtc, &sDateStructure, RTC_FORMAT_BCD);
        sprintf(sYear,"%04x",0x2000+sDateStructure.Year);
        sprintf(sMonth,"%02x",sDateStructure.Month);
        sprintf(sDate,"%02x",sDateStructure.Date);
        sprintf(sHour,"%02d",sTimeStructure.Hours);
        sprintf(sMin,"%02d",sTimeStructure.Minutes);
        sprintf(sSec,"%02d",sTimeStructure.Seconds);
        /* 打印日期 */
        HAL_UART_Transmit(&huart1,sYear,4,4);
        HAL_UART_Transmit(&huart1,&"-",1,1);
        HAL_UART_Transmit(&huart1,sMonth,2,2);
        HAL_UART_Transmit(&huart1,&"-",1,1);
        HAL_UART_Transmit(&huart1,sDate,2,2);
        HAL_UART_Transmit(&huart1,&" ",1,2);
        /* 打印时间 */
        HAL_UART_Transmit(&huart1,sHour,2,2);
        HAL_UART_Transmit(&huart1,&":",1,1);
        HAL_UART_Transmit(&huart1,sMin,2,2);
        HAL_UART_Transmit(&huart1,&":",1,1);
        HAL_UART_Transmit(&huart1,sSec,2,2);
        HAL_UART_Transmit(&huart1,&"\n",1,2);
        HAL_Delay(1000);
    /* USER CODE END WHILE */
    }
}
……
/* USER CODE BEGIN 4 */
void HAL_GPIO_EXTI_Callback(uint16_t GPIO_Pin)
{
    RTC_DateTypeDef sDateStructure;
    RTC_TimeTypeDef sTimeStructure;
    if(GPIO_Pin==GPIO_PIN_5)  //检测到 EXTI5 线产生外部中断事件
    {
        sDateStructure.Year=20;
        sDateStructure.Month=5;
        sDateStructure.Date=20;
        sDateStructure.WeekDay=3;
        //十进制格式
        HAL_RTC_SetDate(&hrtc,&sDateStructure,RTC_FORMAT_BIN);
        sTimeStructure.Hours=0x12;
        sTimeStructure.Minutes=0x36;
        sTimeStructure.Seconds=0;
        //BCD 码格式
        HAL_RTC_SetTime(&hrtc, &sTimeStructure, RTC_FORMAT_BCD);
        while(HAL_GPIO_ReadPin(GPIOA,GPIO_PIN_5)==GPIO_PIN_RESET);
```

```
      }
   }
/* USER CODE END 4 */
......
```

RTC 实验仿真电路运行结果如图 4-45 所示。

在图 4-45 中，最右侧框内的日期和时间是按下仿真电路中恢复按钮 BTN 之后输出的信息。

若将本任务所学知识与任务 5.1 将要学习的 LCD 显示屏结合起来，并配以设置按钮若干，就可以构成数字式万年历+电子钟。

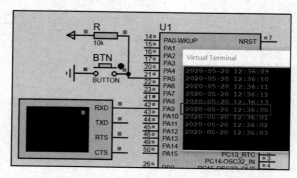

图 4-45　RTC 实验仿真电路运行结果

第 **5** 篇

拓 展 篇

虽然单片机从 SCM 阶段进入 MCU 阶段，其内部集成了越来越多的外设，大大简化了单片机控制板卡的设计，但是在实际使用中经常还会扩展各种独立外设与单片机协同实现相应的应用需求。

5.1 LCD1602 的使用

能力目标

掌握 LCD1602 的驱动方法，能编写简单的 LCD1602 驱动程序。

任务目标

LCD 驱动仿真电路如图 5-1 所示，要求在屏幕第 1 行显示 "Hello world!"。

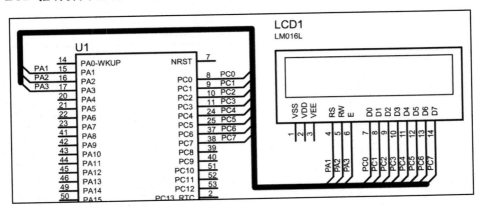

图 5-1　LCD 驱动仿真电路

LCD 驱动仿真电路中的虚拟元器件如表 5-1 所示。

表 5-1　LCD 驱动仿真电路中的虚拟元器件

名　　称	说　　明
STM32F103R6	单片机
LM016L	LCD1602 液晶显示器

5.1.1　液晶显示屏与 LCD1602

在 3.4 节中，我们为大家介绍了数码管显示器，它的优点是结构简单、成本低廉，在产品设计中可以有效地降低成本；但是其缺点也是显而易见的，显示的字符总量不够丰富，连基本的 24 个英文字母都显示不全，更谈不上显示 "+、-、%、$" 等其他各种符号了。

为了能够显示更加丰富的信息，单片机电路设计中往往会使用液晶显示屏。这里我们为大家介绍一种极具性价比的单色液晶显示屏——LCD1602，如图 5-2 所示。这种液晶显示屏能够显示 2 行、16 字符/行，共 32 个 5×7 或 5×11 的点阵字符，目前市面上大多数 LCD1602 都采用了 HD44780 液晶显示芯片。无论采用了哪种液晶显示芯片，LCD1602 的操作方式大同小异。

图 5-2　带驱动电路的 LCD1602 成品

（1）LCD1602 的引脚定义。

LCD1602 采用标准的 16 脚接口，如表 5-2 所示。

表 5-2　LCD1602 引脚功能

引脚编号	功　　能	说　　明
1	VSS	接电源负极
2	VDD	电源正极（+5V/+3.3V）
3	VEE	液晶显示器对比度调节引脚，电压越接近于 VDD，对比度越低；相反，电压越接近于 VSS（0），对比度越高。
4	RS	（Register Select）寄存器选择引脚，高电平时选择数据寄存器；低电平时选择指令寄存器。
5	RW	（Read / Write）读/写信号引脚，高电平时进行读操作；低电平时进行写操作。
6	E	（Enable）使能引脚，高电平时读取信息；下降沿时执行指令。
7～14	D0～D7	8 位数据总线，D0 为最低位，D7 为最高位。
15	A	LCD 背光源正极
16	K	LCD 背光源负极

市面上有些 LCD1602 不带背光功能，这些产品的 15、16 引脚为空引脚。

（2）LCD1602 的存储器。

LCD1602 内置 DDRAM（Display Data RAM，显示数据随机存储器）、CGRAM（Character Generator RAM，字符发生随机存储器）和 CGROM（Character Generator ROM，字符发生只读存储器）。

其中，DDRAM 用于指定显示字符的位置，只需要将被显示的字符送至相应的 DDRAM 地址即可在屏幕上显示，如表 5-3 所示。

表 5-3　DDRAM 地址与字符显示位置的关系

	显示位置	1	2	3	4	5	6	…	15	16
DDRAM 地址	第 1 行	80H	81H	82H	83H	84H	85H	…	8EH	8FH
	第 2 行	C0H	C1H	C2H	C3H	C4H	C5H	…	CEH	CFH

CGRAM 用于由用户自定义字模；CGROM 内置了 160 个常用字模，包括 ASCII 码、日文假名和希腊字母。由于本书只涉及 ASCII 码的显示，在具体编写程序的时候无须了解 CGRAM 和 CGROM 的知识，因此本节不对它们进行过多的介绍，具体可参考 LCD1602 的说明文档。

（3）LCD1602 的控制指令。

LCD1602 共有 11 条控制指令，如表 5-4 所示。

表 5-4　LCD1602 的控制指令

指令编号	指　　令	RS	RW	D7	D6	D5	D4	D3	D2	D1	D0
1	显示屏复位	0	0	0	0	0	0	0	0	0	1
2	光标归位	0	0	0	0	0	0	0	0	1	*
3	置输入模式	0	0	0	0	0	0	0	1	I/D	S
4	显示开/关控制	0	0	0	0	0	0	1	D	C	B
5	光标/字符移位	0	0	0	0	0	1	S/C	R/L	*	*
6	功能设置	0	0	0	0	1	DL	N	F	*	*
7	CGRAM 地址设置	0	0	0	1	CGRAM 地址					
8	DDRAM 地址设置	0	0	1	DDRAM 地址						
9	读忙信号/地址计数器返回值	0	1	BF	由最后写入的 DDRAM 或 CGRAM 设置指令设置的 DDRAM/CGRAM 地址						
10	CGRAM/DDRAM 写数据	1	0	写入 1 字节数据							
11	CGRAM/DDRAM 读数据	1	1	读取 1 字节数据							

指令 1：显示屏复位指令，清除显示屏所有显示字符，并且光标回到第 1 行第 1 个字符位置。

指令 2：光标归位指令，光标回到第 1 行第 1 个字符位置。

指令 3：置输入模式指令，其中 I/D 位为光标移动方向位，0 表示左移，1 表示右移；S 位为所有字符是否左移或右移位，0 表示否，1 表示是。

指令 4：显示开/关控制指令，其中 D 位控制所有字符是否显示，0 表示关显示，1 表示开显示；C 位控制光标是否显示，0 表示关显示，1 表示开显示；B 位控制光标是否闪烁，0 表示不闪烁，1 表示闪烁。

指令 5：光标/字符移位指令，其中 S/C 位为光标和字符移位控制位，0 表示仅光标移动，1 表示光标和字符都移动；R/L 位为移动方向控制位，0 表示左移，1 表示右移。

指令 6：功能设置指令，其中 DL 位为总线模式控制位，0 表示 8 位总线模式，1 表示 4 位总线模式；N 位为显示行数控制位，0 表示单行显示，1 表示双行显示；F 位为字符点阵模式控制位，0 表示 5×7 点阵字符，1 表示 5×11 点阵字符。

指令 7：CGRAM 地址设置指令，设置 6 位的 CGRAM 地址以读写数据。

指令 8：DDRAM 地址设置指令，设置 7 位的 DDRAM 地址以读写数据。

指令 9：读忙信号与地址计数器返回值指令，BF 位为返回液晶屏当前状态位，返回 0 时表示液晶屏正忙，返回 1 时表示液晶屏就绪可以进行进一步操作，D6～D0 共 7 位为读取的地址计数器的内容。

指令 10：CGRAM/DDRAM 写数据指令，用于向 CGRAM 写入用户自定义字模；或者向指定 DDRAM 地址写入显示字符，从而在液晶屏相应位置进行显示。

指令 11：CGRAM/DDRAM 读数据指令，读取 CGRAM 或 DDRAM 中的数据。

5.1.2 任务程序的编写

本任务用到的 GPIO 引脚比较多，为避免混淆不妨为每个 GPIO 引脚添加用户标签（User Label），如图 5-3 所示。

考虑到代码的可移植性，这里将 LCD1602 相关的功能代码全部封装成函数并归入头文件"LCD1602.h"。

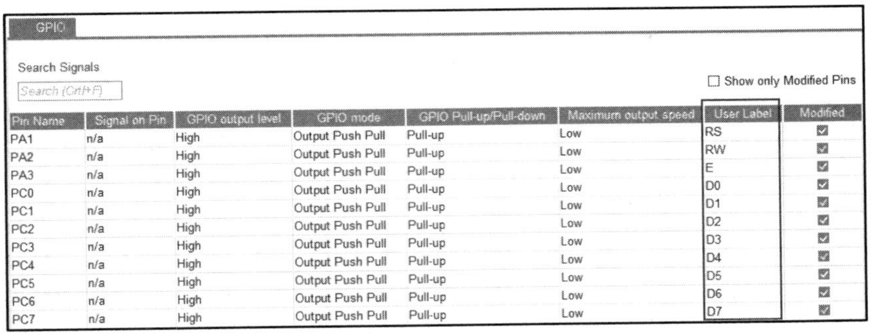
GPIO

Search Signals

Search (Crtl+F)

Show only Modified Pins

Pin Name	Signal on Pin	GPIO output level	GPIO mode	GPIO Pull-up/Pull-down	Maximum output speed	User Label	Modified
PA1	n/a	High	Output Push Pull	Pull-up	Low	RS	☑
PA2	n/a	High	Output Push Pull	Pull-up	Low	RW	☑
PA3	n/a	High	Output Push Pull	Pull-up	Low	E	☑
PC0	n/a	High	Output Push Pull	Pull-up	Low	D0	☑
PC1	n/a	High	Output Push Pull	Pull-up	Low	D1	☑
PC2	n/a	High	Output Push Pull	Pull-up	Low	D2	☑
PC3	n/a	High	Output Push Pull	Pull-up	Low	D3	☑
PC4	n/a	High	Output Push Pull	Pull-up	Low	D4	☑
PC5	n/a	High	Output Push Pull	Pull-up	Low	D5	☑
PC6	n/a	High	Output Push Pull	Pull-up	Low	D6	☑
PC7	n/a	High	Output Push Pull	Pull-up	Low	D7	☑

图 5-3 为 GPIO 引脚添加用户标签

LCD1602.h 程序：

```
#ifndef INC_LCD1602_H_
#define INC_LCD1602_H_
//选择数据寄存器
#define RS_DataR()        HAL_GPIO_WritePin(GPIOA,RS_Pin,GPIO_PIN_SET)
#define RS_InstructionR() HAL_GPIO_WritePin(GPIOA,RS_Pin,GPIO_PIN_RESET)
//选择指令寄存器
//读操作
#define RW_Read()        HAL_GPIO_WritePin(GPIOA,RW_Pin,GPIO_PIN_SET)
//写操作
#define RW_Write()        HAL_GPIO_WritePin(GPIOA,RW_Pin,GPIO_PIN_RESET)
#define E_Set()           HAL_GPIO_WritePin(GPIOA,E_Pin,GPIO_PIN_SET)
#define E_Rst()           HAL_GPIO_WritePin(GPIOA,E_Pin,GPIO_PIN_RESET)

//D0~D7 设定方向：'I'输入、'O'输出
void DataDir(char dir)
{
    GPIO_InitTypeDef GPIO_InitStruct = {0};
    HAL_GPIO_WritePin(GPIOC,
              D0_Pin|D1_Pin|D2_Pin|D3_Pin|D4_Pin|D5_Pin|D6_Pin|D7_Pin,
GPIO_PIN_SET);
    GPIO_InitStruct.Pin =
              D0_Pin|D1_Pin|D2_Pin|D3_Pin|D4_Pin|D5_Pin|D6_Pin|D7_Pin;
    GPIO_InitStruct.Pull = GPIO_PULLUP;
    if(dir=='I')
    {
        GPIO_InitStruct.Mode = GPIO_MODE_INPUT;
    }
    else if(dir=='O')
    {
        GPIO_InitStruct.Mode = GPIO_MODE_OUTPUT_PP;
        GPIO_InitStruct.Speed = GPIO_SPEED_FREQ_LOW;
    }
    HAL_GPIO_Init(GPIOC, &GPIO_InitStruct);
```

```
}

//D0~D7 读数据
uint8_t ReadData()
{
    uint8_t dat=0;
    //DataDir('I');
    if(HAL_GPIO_ReadPin(GPIOC,D0_Pin)==GPIO_PIN_SET)dat|=0x01;
    if(HAL_GPIO_ReadPin(GPIOC,D1_Pin)==GPIO_PIN_SET)dat|=0x02;
    if(HAL_GPIO_ReadPin(GPIOC,D2_Pin)==GPIO_PIN_SET)dat|=0x04;
    if(HAL_GPIO_ReadPin(GPIOC,D3_Pin)==GPIO_PIN_SET)dat|=0x08;
    if(HAL_GPIO_ReadPin(GPIOC,D4_Pin)==GPIO_PIN_SET)dat|=0x10;
    if(HAL_GPIO_ReadPin(GPIOC,D5_Pin)==GPIO_PIN_SET)dat|=0x20;
    if(HAL_GPIO_ReadPin(GPIOC,D6_Pin)==GPIO_PIN_SET)dat|=0x40;
    if(HAL_GPIO_ReadPin(GPIOC,D7_Pin)==GPIO_PIN_SET)dat|=0x80;
    return dat;
}

//D0~D7 写数据
void WriteData(uint8_t dat)
{
    uint16_t Set_Pins=0,Rst_Pins=0;
    //DataDir('O');
    if(dat & 0x01)Set_Pins|=D0_Pin;
    else          Rst_Pins|=D0_Pin;
    if(dat & 0x02)Set_Pins|=D1_Pin;
    else          Rst_Pins|=D1_Pin;
    if(dat & 0x04)Set_Pins|=D2_Pin;
    else          Rst_Pins|=D2_Pin;
    if(dat & 0x08)Set_Pins|=D3_Pin;
    else          Rst_Pins|=D3_Pin;
    if(dat & 0x10)Set_Pins|=D4_Pin;
    else          Rst_Pins|=D4_Pin;
    if(dat & 0x20)Set_Pins|=D5_Pin;
    else          Rst_Pins|=D5_Pin;
    if(dat & 0x40)Set_Pins|=D6_Pin;
    else          Rst_Pins|=D6_Pin;
    if(dat & 0x80)Set_Pins|=D7_Pin;
    else          Rst_Pins|=D7_Pin;
    HAL_GPIO_WritePin(GPIOC,Set_Pins,GPIO_PIN_SET);
    HAL_GPIO_WritePin(GPIOC,Rst_Pins,GPIO_PIN_RESET);
}

//LCD 忙等待
void LCD_Busy_Wait()
{
    uint8_t status;
```

```
        DataDir('I');
        RS_InstructionR();RW_Read();
        do
        {
            E_Set();
            __NOP();
            status=ReadData();
            E_Rst();
        }
        while(status & 0x80);
}

//写 LCD 指令
void LCD_Write_Cmd(uint8_t cmd)
{
        DataDir('O');
        WriteData(cmd);
        RS_InstructionR();RW_Write();E_Rst();
        RS_InstructionR();RW_Write();E_Set();
        __NOP();
        E_Rst();
        LCD_Busy_Wait();
}

//写 LCD 数据寄存器
void LCD_Write_Data(uint8_t dat)
{
        DataDir('O');
        WriteData(dat);
        RS_DataR();RW_Write();E_Set();
        __NOP();
        E_Rst();
        LCD_Busy_Wait();
}

//LCD 初始化
void LCD_Init()
{
        LCD_Write_Cmd(0x38);HAL_Delay(2);
        LCD_Write_Cmd(0x01);HAL_Delay(2);
        LCD_Write_Cmd(0x06);HAL_Delay(2);
        LCD_Write_Cmd(0x0c);HAL_Delay(2);
}

//在 x 行（0~1），y 列（0~15）显示字符串
void LCD_ShowString(uint8_t x,uint8_t y,char *str)
{
```

```c
    uint8_t i=0;
    //设置显示起始位置
    if      (x==0)LCD_Write_Cmd(0x80|y);
    else if(x==1)LCD_Write_Cmd(0xc0|y);
    //输出字符串
    for(i=0;i<16 && str[i]!='\0';i++)
    {
        LCD_Write_Data(str[i]);
        HAL_Delay(2);
    }
}

#endif /* INC_LCD1602_H_ */
```

main.c 程序：

```c
#include "main.h"
/* Private includes --------------------------------------------------
---------*/
/* USER CODE BEGIN Includes */
#include "LCD1602.h"
/* USER CODE END Includes */
/* Private function prototypes ---------------------------------------
---------*/
void SystemClock_Config(void);
static void MX_GPIO_Init(void);
int main(void)
{
  /* USER CODE BEGIN 1 */
  char str[]="Hello World!";
  /* USER CODE END 1 */
  /* MCU Configuration--------------------------------------------------
---------*/
  /* Reset of all peripherals, Initializes the Flash interface and the
Systick. */
  HAL_Init();
  /* Configure the system clock */
  SystemClock_Config();
  /* Initialize all configured peripherals */
  MX_GPIO_Init();
  /* USER CODE BEGIN 2 */
  LCD_Init();
  LCD_ShowString(0,0,str);
  while (1)
  {
```

```
        }
    }
    ......
```

本任务充分体现了"模块化程序设计"的编程理念，LCD1602 驱动程序在进行高度封装之后便于移植和重复使用。在调用 LCD1602 驱动程序时，只需要先将"LCD1602.h"头文件包含到当前工程中，然后调用"LCD_Init()"对 LCD1602 进行初始化，接着调用字符显示函数"LCD_ShowString()"显示需要被显示的字符即可。甚至不了解 LCD1602 底层驱动原理也可以使用 LCD1602 驱动程序。

5.2   串行 E²PROM AT24C02 的使用

能力目标

在了解 I²C 总线通信规则的基础上，掌握读写 E²PROM 芯片 AT24C02 一字节的使用方法，并能编写相应的 STM32 单片机程序。

任务目标

单片机读写 AT24C02 仿真电路如图 5-4 所示，STM32 单片机能将由串口收到的 1 字节数据存入 AT24C02 的首地址；按下按钮 BTN1，单片机将存储在 AT24C02 首地址的 1 字节数据通过串口发送。串口通信参数：波特率为 19200bit/s；无校验。

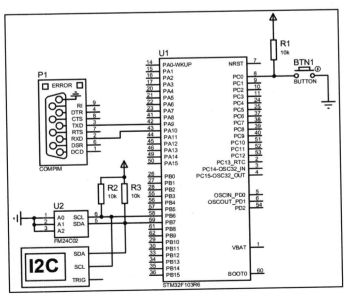

图 5-4   单片机读写 AT24C02 仿真电路

单片机读写 AT24C02 仿真电路中的虚拟元器件及仪表如表 5-5 所示。

表 5-5　单片机读写 AT24C02 仿真电路中的虚拟元器件及仪表

名　　称	说　　明
STM32F103R6	单片机
RES	电阻
BUTTON	按钮
FM24C02	AT24C02
COMPIM	串口组件，用于连接计算机虚拟串口
I2C DEBUGGER	I²C 总线调试工具（虚拟仪表）

5.2.1　I²C 总线简介

1）概述

I²C（Inter-Integrated Circuit）总线是由 Philips 公司提出的一种两线式串行总线，是目前主流的芯片间总线接口技术之一。

I²C 总线属于多主总线，每个节点都可以设定唯一的地址，I²C 总线连接示意图如图 5-5 所示。向总线发送数据的设备作为发送器，而从总线接收数据的设备作为接收器，通过冲突检测和仲裁可以防止总线上数据传输发生错误。I²C 总线目前具有 3 种传输速率，标准模式（1980 年提出）为 100Mbps、快速模式（1992 年提出）为 400Mbps、高速模式（1998 年提出，并于 2001 年修订）可达 3.4Mbps。

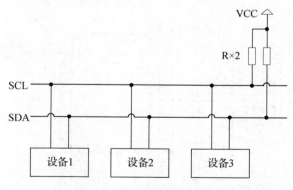

图 5-5　I²C 总线连接示意图

I²C 总线只有时钟信号线 SCL 与双向数据线 SDA，如图 5-5 所示，SCL 与 SDA 被上拉至电源 VCC，也就是说，当 I²C 总线处于空闲状态时，SCL、SDA 均为高电平。

2）通信时序

I²C 总线的通信时序分为发送器启动/停止通信、数据位传送、接收器返回响应信号 3 种。

（1）发送器启动/停止通信。

如图 5-6（a）所示，在 SCL 保持高电平期间，SDA 产生一个负跳变（下降沿），即通信启动信号。

如图 5-6（b）所示，在 SCL 保持高电平期间，SDA 产生一个正跳变（上升沿），即通信停止信号。

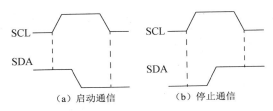

（a）启动通信　　　　　（b）停止通信

图 5-6　I²C 启停通信时序

（2）数据位传送。

数据发送器在启动通信之后，便向 I²C 总线发送数据，发送数据长度为 1 字节，发送顺序为高位在前、低位在后、逐位发送。如图 5-7 所示，在 SCL 处于高电平期间，SDA 必须保持稳定，SDA 低电平表示数据 0、高电平表示数据 1；只有在 SCL 处于低电平期间，SDA 才能改变电平状态。

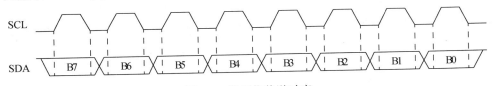

图 5-7　数据位传送时序

（3）接收器返回响应信号。

数据发送器可以连续发送多字节数据，但是每发送 1 个字节（8 个位）数据，数据接收器都必须返回一位响应信号。响应信号位若为低电平则规定为应答响应位（简称 ACK），表示数据接收器接收该字节数据成功；响应信号位若为高电平则规定为非应答响应位（简称 NACK），表示数据接收器接收该字节数据失败。如果数据接收器是主机，则在它收到最后一字节数据后，返回一个非应答位，通知数据发送器结束数据发送，接着主机向 I²C 总线发送一个停止通信信号，结束通信过程。

I²C 总线通信的完整技术规范内容较多，因为篇幅有限，所以这里我们仅介绍一些较为基本的内容，完整的技术规范读者可自行查阅相关技术文档。

5.2.2 AT24C02 简介

1）芯片概述

AT24Cxx 是由美国 Atmel 公司出品的串行 E²PROM 系列芯片，xx 表示不同的容量。例如，本任务使用的 AT24C02 中的 "02" 表示该芯片的总容量为 2kbit/s（256 字节）。AT24C02 的工作电压范围为 1.8~6.0V，能适应目前市面上主流的工作电压为 3.3V 和 5.0V 的单片机。值得注意的是，工作电压越高，相应的工作频率也越高，典型工作电压 3.3V 和 5.0V 对应的工作频率分别是标准模式 100kHz 和快速模式 400kHz。采用 DIP 封装的 AT24C02 引脚排序及实物如图 5-8 所示。

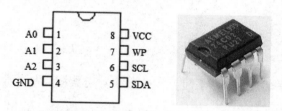

图 5-8　采用 DIP 封装的 AT24C02 引脚排序及实物

AT24C02 引脚的功能如表 5-6 所示。

表 5-6　AT24C02 引脚的功能

引脚序号	名　称	功　能	引脚序号	名　称	功　能
8	VCC	电源正极	5	SDA	双向数据线
4	GND	电源负极	1	A0	地址线（低位）
7	WP	空引脚	2	A1	地址线（中间位）
6	SCL	时钟输入线	3	A2	地址线（高位）

其中，1、2、3 引脚参与构成 AT24C02 在 I²C 总线上的地址。如图 5-9 所示，地址高 4 位固定为 1010B，低 4 位的最低位在总线 "写" 指令中固定为 0，在总线 "读" 指令中固定为 1；其余 3 位就由 1、2、3 引脚的电平决定。

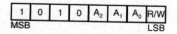

图 5-9　AT24C02 的总线地址

2）芯片的读写时序

AT24C02 的读写方式有写入字节（Byte Write）、写入页（Page Write）、读当前地址（Current Address Read）、随机读取（Random Read）和连续读取（Sequential Read）5 种方式。这里仅介绍写入字节和随机读取这 2 种读写方式。

（1）写入字节时序。

写入字节即向 AT24C02 写入 1 字节，其时序如图 5-10 所示。

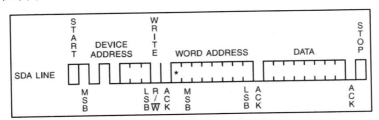

图 5-10　写入字节时序

写入字节时序依次为：主机发送启动通信（Start）信号，发送器件（芯片）地址（Device Address），产生应答响应（ACK），发送字地址（Word Address），产生应答响应（ACK），发送数据（Data），产生应答响应（ACK），发送停止通信（Stop）信号。

（2）随机读取时序。

随机读取即从 AT24C02 读取 1 字节，其时序如图 5-11 所示。

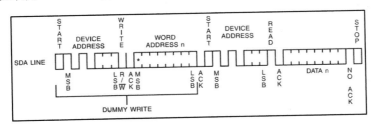

图 5-11　随机读取时序

随机读取时序依次为：主机发送启动通信（Start）信号，发送器件地址（Device Address），产生应答响应（ACK），发送字地址（Word Address），产生应答响应（ACK），再次发送启动通信（Start）信号，发送器件地址（Device Address），产生应答响应（ACK），读取数据（Data），发送非应答信号（No ACK），发送停止通信（Stop）信号。值得注意的是：最后的非应答信号不同于之前所有的应答信号，它是主站主动发出而不是由从站产生的；2 次写入的 8 位元器件地址的最后一位的读写方向位不同。

5.2.3   任务程序的编写

STM32F103R6 单片机自带 1 个 I²C 总线通信模块，但在实际应用中有一部分工程师会使用 GPIO 引脚模拟 I²C 总线的时序，这样做的好处是程序代码便于在不同的处理器上进行移植。

在工程的图形化配置中，模拟时序的 GPIO 引脚的分配如图 5-12 所示，分别用 PB6、PB7 引脚模拟 I²C 总线的时钟线 SCL、数据线 SDA。

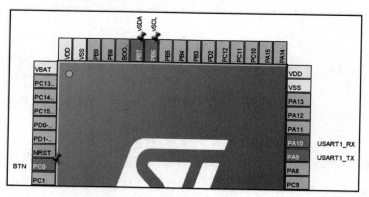

图 5-12   模拟时序的 GPIO 引脚的分配

本任务程序采用典型的模块化设计，将 I²C 总线时序模拟和 AT24C02 操作代码分别写入 "vI2C.h" "AT24C02.h" 这 2 个头文件中。

vI2C.h 程序：

```
void delay_us(uint16_t n)
{
    uint16_t i=n*8; //8MHz，对应1/8微秒
    while(i--);
}


void Pin_vSDA_Mode(char status)
{
    GPIO_InitTypeDef GPIO_InitStruct = {0};
    HAL_GPIO_WritePin(GPIOB, vSDA_Pin, GPIO_PIN_SET);
    GPIO_InitStruct.Pin = vSDA_Pin;
    GPIO_InitStruct.Pull = GPIO_PULLUP;
    if(status=='I') //Input
    {
        GPIO_InitStruct.Mode = GPIO_MODE_INPUT;
    }
    else if(status=='O') //Output
```

```
        {
            GPIO_InitStruct.Mode = GPIO_MODE_OUTPUT_OD;
            GPIO_InitStruct.Speed = GPIO_SPEED_FREQ_LOW;
        }
        HAL_GPIO_Init(GPIOB, &GPIO_InitStruct);
}

void vSCL_Out(uint8_t dat)
{
    switch(dat)
    {
        //case 1:HAL_GPIO_WritePin(GPIOB, vSCL_Pin, GPIO_PIN_SET) ;break;
        case  0:HAL_GPIO_WritePin(GPIOB, vSCL_Pin, GPIO_PIN_RESET);break;
        default:HAL_GPIO_WritePin(GPIOB, vSCL_Pin, GPIO_PIN_SET） ;
    }
}

void vSDA_Out(uint8_t dat)
{
    switch(dat)
    {
        //case 1:HAL_GPIO_WritePin(GPIOB, vSDA_Pin, GPIO_PIN_SET) ;break;
        case  0:HAL_GPIO_WritePin(GPIOB, vSDA_Pin, GPIO_PIN_RESET);break;
        default:HAL_GPIO_WritePin(GPIOB, vSDA_Pin, GPIO_PIN_SET);
    }
}

uint8_t vSDA_In()
{
    GPIO_PinState PinState;
    uint8_t rt;
    PinState=HAL_GPIO_ReadPin(GPIOB,vSDA_Pin);
    switch(PinState)
    {
        case GPIO_PIN_RESET:rt=0;break;
        default:rt=1;
    }
    return rt;
}

//启动 I²C 通信
void I2C_Start()
{
    Pin_vSDA_Mode('O');
    vSDA_Out(1);
```

```
    delay_us(6);    //至少延时 4.7μs
    vSCL_Out(1);
    delay_us(6);    //至少延时 4.7μs
    vSDA_Out(0);
    delay_us(6);    //至少延时 4μs
    vSCL_Out(0);
}
```

```
//停止 I²C 通信
void I2C_Stop()
{
    Pin_vSDA_Mode('O');
    vSDA_Out(0);
    delay_us(6);//至少延时 4μs
    vSCL_Out(1);
    delay_us(6);//至少延时 4μs
    vSDA_Out(1);
    delay_us(6);//至少延时 4.7μs
}
```

```
//发送应答
void I2C_Ack()
{
    Pin_vSDA_Mode('O');
    vSDA_Out(0);
    delay_us(6);
    vSCL_Out(1);
    delay_us(6);
    vSCL_Out(0);
    delay_us(6);
    vSDA_Out(1);
    delay_us(6);
}
```

```
//写 1 字节数据
void I2C_WtByte(uint8_t Dat)
{
    uint8_t i,tmp;
    Pin_vSDA_Mode('O');
    for(i = 0; i < 8; i++)
    {
        tmp=Dat&(0x80>>i);
        vSCL_Out(0);
        delay_us(6);
        (tmp==0)?(vSDA_Out(0)):(vSDA_Out(1));
```

```
        delay_us(6);
        vSCL_Out(1);
        delay_us(6);
    }
    vSCL_Out(0);
    delay_us(6);
    vSDA_Out(1);
    delay_us(6);
}
```

```
//读1字节数据
uint8_t I2C_RdByte()
{
    uint8_t Dat = 0, tmp, i;
    Pin_vSDA_Mode('I');
    vSCL_Out(0);
    delay_us(6);
    for(i = 0; i < 8; i++)
    {
    vSCL_Out(1);
    delay_us(6);
        tmp = vSDA_In();
        Dat = Dat << 1;
        Dat = Dat | tmp;
        delay_us(6);
        vSCL_Out(0);
        delay_us(6);
    }
    return Dat;
}
```

AT24C02.h 程序：

```
//写入1字节
void AT24C02_Write(uint8_t DatAddr, uint8_t Dat)
{
    I2C_Start();
    I2C_WtByte(AT24C02_ADDR + 0);
    I2C_Ack();
    I2C_WtByte(DatAddr);
    I2C_Ack();
    I2C_WtByte(Dat);
    I2C_Ack();
    I2C_Stop();
}
```

```
//读取1字节
uint8_t AT24C02_Read(uint8_t DatAddr)
{
    uint8_t Dat;
    I2C_Start();
    I2C_WtByte(AT24C02_ADDR + 0);
    I2C_Ack();
    I2C_WtByte(DatAddr);
    I2C_Ack();
    I2C_Start();
    I2C_WtByte(AT24C02_ADDR + 1);
    I2C_Ack();
    Dat = I2C_RdByte();
    I2C_Stop();
    return Dat;
}
```

main.c 程序：

```
#include "main.h"
/* Private includes ------------------------------------------
---------*/
/* USER CODE BEGIN Includes */
#include "vI2C.h"
#include "AT24C02.h"
/* USER CODE END Includes */
/* Private variables -----------------------------------------
---------*/
UART_HandleTypeDef huart1;
/* USER CODE BEGIN PV */
uint8_t RcvDat[1];
uint8_t SndDat[1];
uint8_t rf=0;
/* USER CODE END PV */
/* Private function prototypes -------------------------------
---------*/
void SystemClock_Config(void);
static void MX_GPIO_Init(void);
static void MX_USART1_UART_Init(void);
int main(void)
{
    /* MCU Configuration------------------------------------------
--------*/
```

```
    /* Reset of all peripherals, Initializes the Flash interface and the
Systick. */
    HAL_Init();
    /* Configure the system clock */
    SystemClock_Config();
    /* Initialize all configured peripherals */
    MX_GPIO_Init();
    MX_USART1_UART_Init();
    /* USER CODE BEGIN 2 */
    HAL_UART_Receive_IT(&huart1,RcvDat,1);
    /* USER CODE END 2 */
    /* Infinite loop */
    /* USER CODE BEGIN WHILE */
    while (1)
    {
        if(rf==1)
        {
            rf=0;
            AT24C02_Write(0,RcvDat[0]);
            HAL_UART_Receive_IT(&huart1,RcvDat,1);
        }
        else if(HAL_GPIO_ReadPin(BTN_GPIO_Port,BTN_Pin)==GPIO_PIN_RESET)
        {
            SndDat[0]=AT24C02_Read(0);
            HAL_UART_Transmit(&huart1,SndDat,1,0xffff);
while(HAL_GPIO_ReadPin(BTN_GPIO_Port,BTN_Pin)==GPIO_PIN_RESET);
        }
    }
}
......
/* USER CODE BEGIN 4 */
void HAL_UART_RxCpltCallback (UART_HandleTypeDef *huart)
{
    if(huart==&huart1)
    {
        rf=1;
    }
}
/* USER CODE END 4 */
......
```

同样是用于保存设定参数，与 Flash ROM 相比，虽然 AT24C02 编程相对烦琐，但不会损耗单片机，毕竟 STM32F103R6 单片机的 Flash ROM 擦写次数仅 1 万次（官方数据）。

5.3　串行温度传感器 TC72 的使用

能力目标

在了解 SPI 总线通信规则的基础上，掌握读写温度传感器芯片 TC72 读写数据的方法，并能编写相应的 STM32 单片机程序。

任务目标

TC72 数据读取仿真电路如图 5-13 所示，单片机每隔 1 秒读取一次温度传感器 TC72 的温度值，并通过串口将读取的温度值发送出去。串口通信参数：波特率为 19200bit/s；无校验。

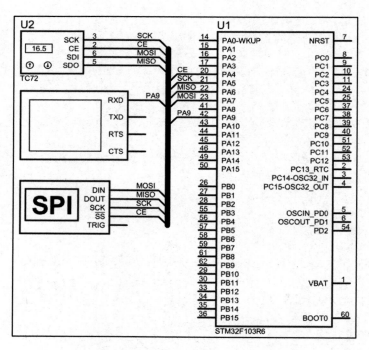

图 5-13　TC72 数据读取仿真电路

TC72 数据读取仿真电路中的虚拟元器件及仪表如表 5-7 所示。

表 5-7　TC72 数据读取仿真电路中的虚拟元器件及仪表

名　称	说　明
STM32F103R6	单片机
TC72	串行温度传感器 TC72
VIRTUAL TERMINAL	虚拟终端（虚拟仪表）
SPI DEBUGGER	SPI 总线调试工具（虚拟仪表）

5.3.1　SPI 总线简介

（1）SPI 总线概述。

SPI（Serial Peripheral Interface，串行外设接口）是由美国 Motorola 公司推出的一种同步串行通信接口，用于串行连接微处理器与外围芯片。SPI 目前已成为一种工业标准，世界各大半导体公司均推出了带有 SPI 的微处理器与外围元器件。例如，带有 SPI 的微处理器有 Atmel 公司的 AT89C51RB2，Microchip 公司的 PIC16F877A，意法半导体公司的绝大多数 8 位 STM8 单片机与 32 位 STM32 单片机等；外围元器件有 SRAM（静态随机存储器）23A256，数字电位器 AD5204，温度传感器 TC72 等。

SPI 采用主从式通信模式，通常为一主多从结构，通信时钟由主机控制，在时钟信号的作用下，数据先传送高位，再传送低位。由于 Motorola 公司没有规定 SPI 协议的通信速率，因此通信速率应根据实际项目中主机和从机的通信能力而定。

（2）接口定义。

SPI 通信至少需要如下 4 根线。

- SCLK，时钟线，用于提供通信所需的时钟基准信号。
- MOSI，主出从入数据线，对于主机而言，它作为数据输出总线；对于从机而言，它作为数据输入总线。
- MISO，主入从出数据线，对于主机而言，它作为数据输入总线；对于从机而言，它作为数据输出总线。
- $\overline{CS}$，片选信号，低电平有效。但本任务涉及的 TC72 例外，$\overline{CS}$ 的有效电平为高电平。

一主多从 SPI 总线硬件连接示意图如图 5-14 所示。

（3）通信时序。

SPI 通信的工作时序有 4 种，分别如图 5-15 和图 5-16 所示，具体由 CPHA（Clock Phase，时钟相位）和 CPOL（Clock Polarity，时钟极性）决定。

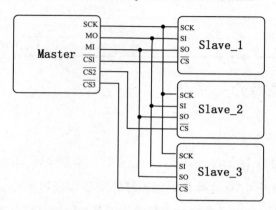

图 5-14　一主多从 SPI 总线硬件连接示意图

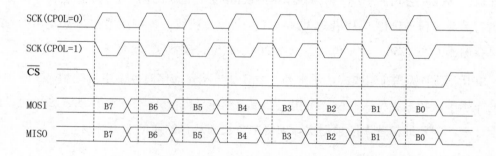

图 5-15　CPHA=0 时的 SPI 工作时序

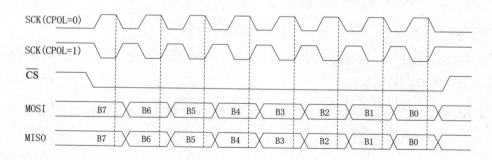

图 5-16　CPHA=1 时的 SPI 工作时序

CPHA 和 CPOL 的作用如下。

- 当 CPHA=0 时，信号采样时刻为 2 个空闲状态之间的第 1 个边沿；当 CPHA=1

时，信号采样时刻为 2 个空闲状态之间的第 2 个边沿。

- 当 CPOL=0 时，时钟信号 SCK 空闲为低电平；当 CPOL=1 时，时钟信号 SCK 空闲为高电平。

SPI 的 4 种通信模式说明如表 5-8 所示。

表 5-8　SPI 的 4 种通信模式说明

通信模式	CPHA	CPOL	说　明
MODE 0	0	0	SCK 空闲为低电平，上升沿时刻采样
MODE 1	1	0	SCK 空闲为低电平，下降沿时刻采样
MODE 2	0	1	SCK 空闲为高电平，下降沿时刻采样
MODE 3	1	1	SCK 空闲为高电平，上升沿时刻采样

5.3.2　TC72 简介

TC72 是由美国 Microchip 公司出品的串行温度传感器，兼容 SPI，温度测量范围为 −55~+125℃，分辨率为 10 位（0.25℃/bit）。TC72 的工作电压为 2.65~5.5V，能适应目前市面上主流工作电压为 3.3V 和 5.0V 的单片机。采用 MSOP 封装的 TC72 引脚排序及实物如图 5-17 所示。

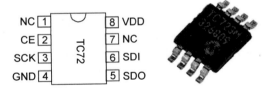

图 5-17　采用 MSOP 封装的 TC72 引脚排序及实物

TC72 引脚的功能如表 5-9 所示。

表 5-9　TC72 引脚的功能

引　脚　序　号	名　称	功　能	引　脚　序　号	名　称	功　能
8	VDD	电源正极	6	SDI	数据输入线
4	GND	电源负极	5	SDO	数据输出线
2	CE	片选信号线（高电平有效）	1	NC	空引脚
3	SCK	时钟输入线	7	NC	空引脚

TC72 的工作模式有如下 2 种。

- 连续转换模式（Continuous Conversion Mode），每隔约 150ms 进行 1 次温度转换；

- 单次转换模式（One-Shot Mode），转换 1 次后就进入省电模式。

TC72 的寄存器地址如表 5-10 所示。

表 5-10　TC72 的寄存器地址

寄存器	读地址	写地址	B7	B6	B5	B4	B3	B2	B1	B0
控制	0x00	0x80	0	0	0	单次	0	1	0	关断
温度 LSB	0x01	N/A	T1	T0	0	0	0	0	0	0
温度 MSB	0x02	N/A	T9	T8	T7	T6	T5	T4	T3	T2
制造商 ID	0x03	N/A	0	1	0	1	0	1	0	0

TC72 的温度值转换结果采用左对齐数据存储格式，高字节存放温度值转换结果的整数部分，最高位 T9 为符号位；低字节高 2 位存放温度值转换结果的小数部分，数据以补码形式存放。

5.3.3　任务程序的编写

STM32F103R6 单片机自带一个 SPI 通信模块，但是在实际应用中有一部分工程师会使用 GPIO 引脚模拟 SPI 的时序，这样做的好处是程序代码便于在不同的处理器上进行移植。

首先进行工程的图形化配置。GPIO 引脚配置界面如图 5-18 所示，分别用 PA5、PA6、PA7 引脚模拟 SPI 总线的时钟线 SCK、数据线 MISO、数据线 MOSI，用 PA4 引脚模拟从站 TC72 的片选信号线 CE（$\overline{\text{CS}}$），PA4 引脚设为推挽下拉输出模式，PA5、PA7 引脚设为开漏上拉输出模式，PA6 引脚设为输入模式。值得注意的是，TC72 的片选信号与其他 SPI 设备不一样，它的选通电平是高电平。

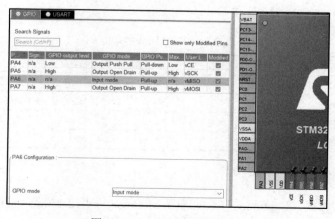

图 5-18　GPIO 引脚配置界面

然后设定串口 USART1，一键生成初始化代码后，进入编程界面完成其他代码的编写。为了使程序具有较好的可读性，将 SPI 时序模拟程序和 TC72 驱动程序分别存放于 2 个手动建立的头文件"vSPI.h"和"TC72.h"之中。

vSPI.h 程序：

```c
#ifndef INC_VSPI_H_
#define INC_VSPI_H_

/*****************
软件延时函数，单位为微秒
*****************/
void delay_us(uint16_t n)
{
    uint16_t i=n*8;   //8MHz，对应1/8微秒
    while(i--);
}

/******************
SPI 总线使能
******************/
void vSPI_En()
{
    HAL_GPIO_WritePin(GPIOA, vCE_Pin, GPIO_PIN_SET);
    HAL_GPIO_WritePin(GPIOA, vSCK_Pin, GPIO_PIN_RESET);
    delay_us(4);
}

/******************
SPI 总线禁止
******************/
void vSPI_Dis()
{
    HAL_GPIO_WritePin(GPIOA, vSCK_Pin, GPIO_PIN_SET);
    HAL_GPIO_WritePin(GPIOA, vCE_Pin, GPIO_PIN_RESET);
}

/*****************
SPI 主站发送 1 字节
形参：
dat 表示发送的字节
*****************/
void vSPI_SndByte(uint8_t dat)
{
```

```
    uint8_t i;
    for(i=0;i<8;i++)
    {
        HAL_GPIO_WritePin(GPIOA,                              vSCK_Pin,
GPIO_PIN_RESET);delay_us(4);
        if(dat & 0x80)
            HAL_GPIO_WritePin(GPIOA, vMOSI_Pin, GPIO_PIN_SET);
        else
            HAL_GPIO_WritePin(GPIOA, vMOSI_Pin, GPIO_PIN_RESET);
        dat<<=1;
        //上升沿
        HAL_GPIO_WritePin(GPIOA, vSCK_Pin, GPIO_PIN_SET);delay_us(4);
    }
}

/*****************
SPI 主站接收 1 字节
返回值：返回的 1 字节数据
*****************/
uint8_t vSPI_RcvByte()
{
    uint8_t i,dat=0;
    for(i=0;i<8;i++)
    {
        delay_us(4);
        dat<<=1;
        HAL_GPIO_WritePin(GPIOA, vSCK_Pin, GPIO_PIN_RESET);
        if(HAL_GPIO_ReadPin(GPIOA,vMISO_Pin)==GPIO_PIN_SET)
            dat |= 0x01;
        else
            dat &= 0xfe;
        HAL_GPIO_WritePin(GPIOA, vSCK_Pin, GPIO_PIN_SET);
    }
    return dat;
}

#endif /* INC_VSPI_H_ */
```

TC72.h：

```
#ifndef INC_TC72_H_
#define INC_TC72_H_


/* 宏定义 */
#define _TC72_CTRL_R  0x00  //控制寄存器地址（读）
#define _TC72_CTRL_W  0x80  //控制寄存器地址（写）
```

```c
#define _TC72_Dat_LSB 0x01   //温度低字节地址（读）
#define _TC72_Dat_MSB 0x02   //温度高字节地址（读）
#define _TC72_ID        0x03  //制造商 ID（读）
#define _TC72_OnceCnv        0x15  //单次转化指令
#define _TC72_ContinueCnv  0x05  //连续转化指令


/*****************
发送转化指令
形参:
Instr——指令
*****************/
void TC72_Convert(uint8_t Instr)
{
    vSPI_En();
    vSPI_SndByte(_TC72_CTRL_W);
    vSPI_SndByte(Instr);
    vSPI_Dis();
}


/*****************
读温度
返回值: 温度值
*****************/
float TC72_TemperatureRd()
{
    uint8_t DatL,DatM;
    int16_t Dat;
    float t;
    vSPI_En();
    vSPI_SndByte(_TC72_Dat_MSB);
    DatM=vSPI_RcvByte();
    DatL=vSPI_RcvByte();
    vSPI_Dis();
    Dat=DatM;
    Dat<<=8;
    Dat+=DatL;
    t=((float)(Dat))/256;
    return t;
}


#endif /* INC_TC72_H_ */
```

main.c 程序:

```c
/* Includes --------------------------------------------------------
---------*/
```

```c
#include "main.h"
/* Private includes ----------------------------------------------
---------*/
/* USER CODE BEGIN Includes */
#include "stdio.h"
#include "vSPI.h"
#include "TC72.h"
/* USER CODE END Includes */
/* Private variables ---------------------------------------------
---------*/
UART_HandleTypeDef huart1;
/* Private function prototypes -----------------------------------
---------*/
void SystemClock_Config(void);
static void MX_GPIO_Init(void);
static void MX_USART1_UART_Init(void);
int main(void)
{
  /* USER CODE BEGIN 1 */
      float t;
      char str1[]="Temperature:";
      char str2[10];
  /* USER CODE END 1 */
  /* MCU Configuration------------------------------------------------
--------*/
  /* Reset of all peripherals, Initializes the Flash interface and the
Systick. */
  HAL_Init();
  /* Configure the system clock */
  SystemClock_Config();
  /* Initialize all configured peripherals */
  MX_GPIO_Init();
  MX_USART1_UART_Init();
  /* Infinite loop */
  /* USER CODE BEGIN WHILE */
  while (1)
  {
      HAL_UART_Transmit(&huart1,str1,12,12);
      TC72_Convert(_TC72_OnceCnv);
      HAL_Delay(100);
      t=TC72_TemperatureRd();
      sprintf(str2,"%f",t);
      HAL_UART_Transmit(&huart1,str2,7,7);
      HAL_UART_Transmit(&huart1,&"\n",1,1);
      HAL_Delay(900);
```

```
    /* USER CODE END WHILE */
  }
}
......
```

TC72 数据读取仿真电路运行结果如图 5-19 所示。

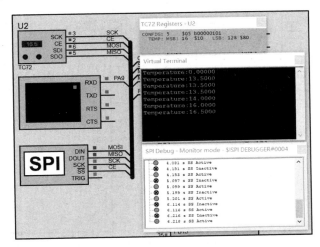

图 5-19 TC72 数据读取仿真电路运行结果

与任务 4.8 介绍的 ADC+热敏电阻的温度采集方法相比，TC72 本身为温度集成电路，自带数据矫正功能，单片机工程师只需要直接读取 TC72 的温度值转换结果即可，而 ADC+热敏电阻的温度采集方法在数值计算的过程中不可避免地会遇到计算误差带来的温度值偏差问题，在实际工程项目中必然需要对其进行计算补偿以减小误差。显然，利用 TC72 进行温度数据采集简单方便，但利用 ADC+热敏电阻进行温度数据采集具备成本上的优势，采用何种数据采集方式应当根据具体的项目需求而定。

5.4 串行 DAC 芯片 MCP4921 的使用

能力目标

掌握控制 DAC 芯片 MCP4921 输出电压的方法，并能编写相应的 STM32 单片机程序。

任务目标

MCP4921 输出模拟电压仿真电路如图 5-20 所示，单片机控制 MCP4921 以 1 秒为周期输出正弦波，正弦波的波动范围为 0～3.3V。

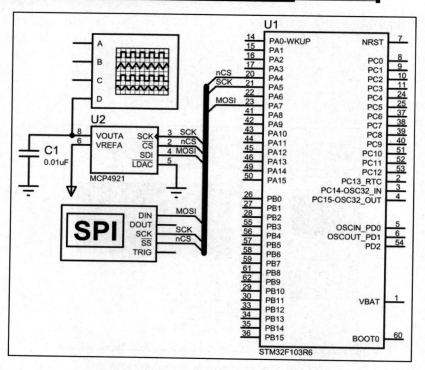

图 5-20　MCP4921 输出模拟电压仿真电路

MCP4921 输出模拟电压仿真电路中的虚拟元器件及仪表如表 5-11 所示。

表 5-11　MCP4921 输出模拟电压仿真电路中的虚拟元器件及仪表

名　　称	说　　明
STM32F103R6	单片机
CAP	电容
MCP4921	DAC 芯片 MCP4921
OSCILLOSCOPE	示波器（虚拟仪表）
SPI DEBUGGER	SPI 总线调试工具（虚拟仪表）

5.4.1　MCP4921 简介

在单片机控制系统中，单片机通过反馈通道采集受控物理量，由 ADC 将受控物理量的模拟信号转换为数字量，以便单片机进行处理。此外，在单片机控制系统中，有时会涉及一些需要通过模拟量信号控制的执行器（如变频器、电动阀门等），这就需要使用数模转换器（Digital to Analog Converter，简称 DAC）将计算得到的数字量控制信号转换成模拟量信号，以便控制执行器做出相应的动作。单片机控制系统正向通道的信号处理过程如图 5-21 所示。

图 5-21　单片机控制系统正向通道的信号处理过程

STM32F103R6 单片机本身不带 DAC，如果有涉及 DAC 的项目，则可以考虑更换自带 DAC 的其他型号的单片机，或者选择独立的 DAC 芯片。本任务选择了独立的 DAC 芯片，其型号是 MCP4921，如图 5-22 所示。

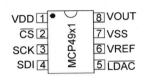

图 5-22　采用 PDIP 封装的 MCP4921 引脚排列及实物

MCP4921 是由美国 Microchip 公司出品的串行 12 位 DAC 芯片，兼容 SPI，最高通信频率为 20MHz，一次转换时间为 4.5μs，工作电压为 2.7~5.5V，能适应目前市面上主流工作电压为 3.3V 和 5.0V 的单片机。

MCP4921 引脚的功能如表 5-12 所示。

表 5-12　MCP4921 引脚的功能

引脚序号	名称	功能	引脚序号	名称	功能
1	VDD	电源正极	2	$\overline{CS}$	片选信号线（低电平有效）
7	VSS	电源负极	3	SCK	时钟输入线
6	VREF	参考电压端	4	SDI	数据输入线
5	$\overline{LDAC}$	同步输入控制	8	VOUT	模拟量电压输出正极

MCP4921 只有数据输入，没有数据输出，单片机只需要将 12 位数字量连同 4 位配置信息共 16 位数据一起打包发送给 DAC，DAC 随即开始数模转换过程。MCP4921 通信数据格式如表 5-13 所示。

表 5-13　MCP4921 通信数据格式

高字节 MSB				低字节 LSB											
配置位				数据位											
$\overline{A}$/B	BUF	$\overline{GA}$	$\overline{SHDN}$	B11	B10	B9	B8	B7	B6	B5	B4	B3	B2	B1	B0

表 5-13 中每 1 个配置位的含义如下。

- $\overline{A}$/B 位，该位只能选 0，因为 MCP49xx 系列 DAC 芯片中的某些型号具有 2 个 DAC 通道，通过 0 或 1 选择通道 A 或 B，但 MCP4921 仅有 A 通道。

- BUF 位，参考电压 V_{REF} 输入缓冲器控制位；设 1 时缓冲，设 0 时未缓冲。

- $\overline{GA}$ 位，输出增益选择位，设 1 时无增益；设 0 时两倍增益。

- $\overline{SHDN}$ 位，待机模式设置位，设 1 时不进入待机模式；设 0 时进入待机模式。

5.4.2 任务程序的编制

MCP4921 是 12 位 DAC 芯片，因此输入数字量的范围是 0x000~0x3FF，输出模拟量电压范围为 0~V_{REF}，即无法输出负电压。有 2 种方式可以输出完整的正弦曲线：第 1 种方式是通过外围元器件搭建调理电路使电路能够输出负电压；第 2 种方式是将正弦波曲线沿纵轴（电压/数字量）正向移动，确保波谷也位于横轴（时间）上方。

本任务选择第 2 种方式，正弦波计算公式为

$$D = 512 \times \sin 2\pi t + 512 \qquad (5\text{-}1)$$

为了提高单片机 CPU 的执行效率，这里使用查表法，在 1 秒内，每隔 0.02 秒计算一次采样值，可以利用 Excel 软件进行计算，正弦曲线采样值如表 5-14 所示。

表 5-14 正弦曲线采样值

t	D	t	D	t	D	t	D	t	D
0	512	0.2	999	0.4	813	0.6	211	0.8	25
0.02	576	0.22	1015	0.42	759	0.62	162	0.82	49
0.04	639	0.24	1023	0.44	700	0.64	117	0.84	80
0.06	700	0.26	1023	0.46	639	0.66	80	0.86	117
0.08	759	0.28	1015	0.48	576	0.68	49	0.88	162
0.1	813	0.3	999	0.5	512	0.7	25	0.9	211
0.12	862	0.32	975	0.52	448	0.72	9	0.92	265
0.14	907	0.34	944	0.54	385	0.74	1	0.94	324
0.16	944	0.36	907	0.56	324	0.76	1	0.96	385
0.18	975	0.38	862	0.58	265	0.78	9	0.98	448

与任务 5.3 相同，分别将单片机的 PA4、PA5、PA7 引脚设为片选信号线、时钟线、数据线，引脚设定参数可参照任务 5.3，由于 MCP4921 没有 SDO 引脚，因此不需要使用单片机的 PA6 引脚。

本任务头文件"vSPI.h"内容与任务 5.3 头文件"vSPI.h"内容大同小异，区别有二：一是片选信号极性相反；二是去掉了 SPI 主站读字节函数。

vSPI.h 程序：

```
#ifndef INC_VSPI_H
```

```c
#define INC_VSPI_H_

/*****************
延时函数，单位为微秒
*****************/
void delay_us(uint16_t n)
{
    uint16_t i=n*8;  //8MHz，对应1/8 微秒
    while(i--);
}

/******************
SPI 总线使能
******************/
void vSPI_En()
{
    HAL_GPIO_WritePin(GPIOA, vnCS_Pin, GPIO_PIN_RESET);
    HAL_GPIO_WritePin(GPIOA, vSCK_Pin, GPIO_PIN_RESET);
    delay_us(4);
}

/******************
SPI 总线禁止
******************/
void vSPI_Dis()
{
    HAL_GPIO_WritePin(GPIOA, vSCK_Pin, GPIO_PIN_SET);
    HAL_GPIO_WritePin(GPIOA, vnCS_Pin, GPIO_PIN_SET);
}

/*****************
SPI 主站发送 1 字节
形参：
dat 表示发送的字节
*****************/
void vSPI_SndByte(uint8_t dat)
{
    uint8_t i;
    for(i=0;i<8;i++)
    {
        HAL_GPIO_WritePin(GPIOA, vSCK_Pin, GPIO_PIN_RESET);delay_us(4);
        if(dat & 0x80)
            HAL_GPIO_WritePin(GPIOA, vMOSI_Pin, GPIO_PIN_SET);
        else
            HAL_GPIO_WritePin(GPIOA, vMOSI_Pin, GPIO_PIN_RESET);
```

```
            dat<<=1;
            //上升沿
            HAL_GPIO_WritePin(GPIOA, vSCK_Pin, GPIO_PIN_SET);delay_us(4);
        }
    }

#endif /* INC_VSPI_H_ */
```

MCP4921.h 程序：

```
#ifndef INC_MCP4921_H_
#define INC_MCP4921_H_

/*********************************************
写入 MCP4921
形参：
Cmd: 指令，仅高 4 位
Dat: 数据，12 位
*********************************************/
void MCP4921Write(uint8_t Cmd,uint16_t Dat)
{
    uint8_t DatM,DatL;   //数据高字节、低字节
    DatL=(uint8_t)(Dat & 0x00ff);
    DatM=(uint8_t)((Dat>>8) & 0x00ff);
    vSPI_En();
    /* 先写高字节 */
    vSPI_SndByte(0x70|DatM);
    /* 再写低字节 */
    vSPI_SndByte(DatL);
    vSPI_Dis();
}

#endif /* INC_MCP4921_H_ */
```

main.c 程序：

```
/* Includes ------------------------------------------------
---------*/
#include "main.h"
/* Private includes ----------------------------------------
---------*/
/* USER CODE BEGIN Includes */
#include "vSPI.h"
#include "MCP4921.h"
/* USER CODE END Includes */
```

```
    /* Private variables -----------------------------------------
---------*/
    /* USER CODE BEGIN PV */
static uint16_t tD[50]=
{512,576,639,700,759,813,862,907,944,975,999,1015,1023,1023,1015,
999,975,944,907,862,813,759,700,639,576,512,448,385,324,265,
211,162,117,80,49,25,9,1,1,9,25,49,80,117,162,211,265,324,385,448};
    /* USER CODE END PV */
    /* Private function prototypes --------------------------------
---------*/
void SystemClock_Config(void);
static void MX_GPIO_Init(void);
int main(void)
{
  /* USER CODE BEGIN 1 */
    int i;
  /* USER CODE END 1 */
  /* MCU Configuration-------------------------------------------
---------*/
  /* Reset of all peripherals, Initializes the Flash interface and the
Systick. */
  HAL_Init();
  /* Configure the system clock */
  SystemClock_Config();
  /* Initialize all configured peripherals */
  MX_GPIO_Init();
  /* Infinite loop */
  /* USER CODE BEGIN WHILE */
  while (1)
  {
      for(i=0;i<50;i++)
      {
          MCP4921Write(0x70,tD[i]);
          HAL_Delay(20);
      }
    /* USER CODE END WHILE */
  }
}
......
```

MCP4921 输出模拟电压仿真电路运行结果如图 5-23 所示。

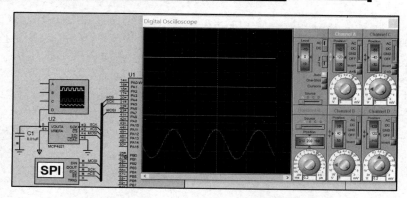

图 5-23　MCP4921 输出模拟电压仿真电路运行结果

5.5　直流电动机的控制

能力目标

理解 H 桥电路的工作原理，掌握 H 桥芯片 L298 的使用方法，并能编写基于 L298 的直流电动机的 STM32 单片机驱动程序。

任务目标

直流电动机运动控制仿真电路如图 5-24 所示，要求通过 5 个按钮控制直流电动机的运行状态，5 个按钮的作用分别是：电动机正转、电动机反转、电动机停止、电动机加速和电动机减速，其中电动机加速/减速以 10% 的 PWM 信号宽度占空比为递增/递减量。

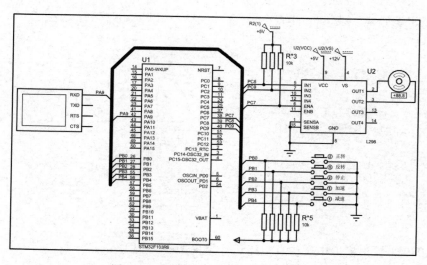

图 5-24　直流电动机运动控制仿真电路

直流电动机运动控制仿真电路中的虚拟元器件及仪表如表 5-15 所示。

表 5-15　直流电动机运动控制仿真电路中的虚拟元器件及仪表

名　称	说　明
STM32F103R6	单片机
RES	电阻
BUTTON	按钮
L298	直流电动机 H 桥芯片 L298
MOTOR-DC	直流电动机
VIRTUAL TERMINAL	虚拟终端（虚拟仪表）

5.5.1　直流电动机与 H 桥电路

直流电动机是一种常见的动力源，在很多情况下需要用直流电动机带动执行机构做各种复杂动作，常需要直流电动机能够做正反转运动。直流电动机与 H 桥电路如图 5-25 所示。当只有开关 K1、K4 闭合时，A 点接通驱动电源正极，B 点接通驱动电源负极，直流电动机正转；当只有开关 K2、K3 闭合时，B 点接通驱动电源正极，A 点接通驱动电源负极，直流电动机反转；当只有开关 K1、K2，或者只有开关 K3、K4 闭合时，A 点与 B 点短路，直流电动机能耗制动。对于大功率直流电动机而言，为防止能耗制动过程中的电流过大，还需要在短路回路中串接制动电阻。

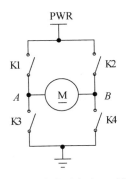

图 5-25　直流电动机与 H 桥电路

5.5.2　双 H 桥芯片 L298

市面上有多种 H 桥芯片，这里介绍其中一种——L298。L298 是由意法半导体公司出品的一种双 H 桥芯片，即片内集成 2 个独立的 H 桥，可同时驱动 2 个最大电压为46V、最大电流为 2A 的直流电动机。L298 的 2 种封装形式如图 5-26 所示。

L298 典型应用电路如图 5-27 所示,控制信号为 5V TTL 电平,驱动电压为 5~46V,控制电路由 VSS 供电, 驱动电路由 VS 供电。

（a）立式直插封装 L298N

（b）卧式贴片封装 L298P

图 5-26   L298 的 2 种封装形式

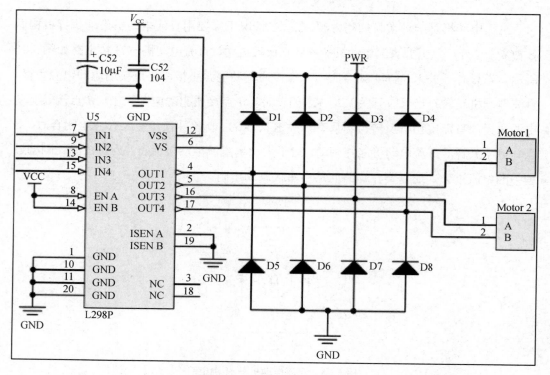

图 5-27   L298 典型应用电路

- EN A 引脚为 H 桥 A 的使能引脚。当 EN A 引脚接高电平时, 使能 H 桥 A; 当 EN A 引脚接低电平时, 禁止 H 桥 A。在实际应用中, 往往将 EN A 引脚与 PWM 信号相连, 用于调节 H 桥 A 控制的直流电动机的转速。

- EN B 引脚为 H 桥 B 的使能引脚。当 EN B 引脚接高电平时, 使能 H 桥 B; 当

EN B 引脚接低电平时，禁止 H 桥 B。在实际应用中，往往将 EN B 引脚与 PWM 信号相连，用于调节 H 桥 B 控制的直流电动机的转速。

- ISEN A 引脚为 H 桥 A 的驱动检测引脚，用于进行过流检测，并将检测结果反馈给控制器形成闭环以稳定电动机转速，具体应用可参考相关技术文档，一般不用，可直接接地。

- ISEN B 引脚为 H 桥 B 的驱动检测引脚，用于进行过流检测，并将检测结果反馈给控制器形成闭环以稳定电动机转速，具体应用可参考相关技术文档，一般不用，可直接接地。

- IN1～IN4 为 2 个 H 桥的方向控制信号输入端。其中 IN1 和 IN2 控制 H 桥 A，IN3 和 IN4 控制 H 桥 B，具体如表 5-16 所示。

表 5-16　方向控制表

IN1	IN2	Motor1 状态	IN3	IN4	Motor2 状态
L	L	停止	L	L	停止
L	H	正转	L	H	正转
H	L	反转	H	L	反转
H	H	停止	H	H	停止

值得注意的是，H 表示高电平，L 表示低电平；Motor1 表示 H 桥 A 控制的直流电动机，Motor2 表示 H 桥 B 控制的直流电动机。

- OUT1～OUT4 为 2 个 H 桥的输出端，用来连接 2 个直流电动机。其中 OUT1 和 OUT2 用来连接 Motor1，OUT3 和 OUT4 用来连接 Motor2。

图 5-27 中的 D1～D8 为 8 个整流二极管，由于直流电动机为感性负载，因此在改变旋转方向的过程中会产生很大的反向电流，加入整流二极管的目的是泄流，避免 L298 受到电流冲击而损坏。在进行仿真时无须考虑电流冲击问题，可省略整流二极管。

值得注意的是，L298 控制电路的工作电压是 5V，而 STM32 单片机的工作电压只有 3.3V，为了使 L298 能正确识别 STM32 单片机发出的控制信号，应选择具备"FT"特性的 GPIO 引脚，并将引脚设为开漏输出模式，同时外接上拉电阻到 5V 电源正极。

5.5.3　任务程序的编写

首先进行工程的图形化配置，包括串口、外部中断、PWM 输出及 GPIO 引脚的设置,其中 GPIO 引脚选择具备 "FT" 特性的 PC8、PC9 引脚,均设为开漏输出模式,如图 5-28 所示。值得注意的是,这里不需要选择内部上拉电阻,因为已经在电路中通过外部电阻上拉到+5V。

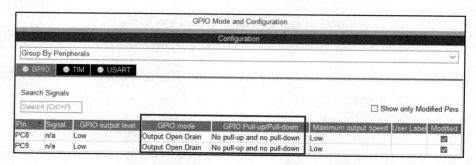

图 5-28 选择 GPIO 引脚输出模式

PWM 信号输出的设置可参考任务 4.5,但需要进一步修改 PWM 信号输出引脚 PC7 为开漏输出模式,如图 5-29 所示。

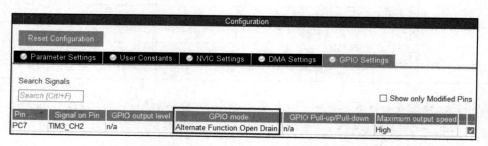

图 5-29 选择 PWM 信号输出引脚的输出模式

图形化配置完成后,一键生成初始化代码,接着进入编程界面完成其他代码的编写。

main.c 程序:

```
/* Includes -----------------------------------------
---------*/
#include "main.h"
/* Private includes ----------------------------------
---------*/
/* USER CODE BEGIN Includes */
#include "stdio.h"
/* USER CODE END Includes */
/* Private variables ---------------------------------
---------*/
TIM_HandleTypeDef htim3;
UART_HandleTypeDef huart1;
```

```
/* USER CODE BEGIN PV */
uint16_t cmpv=80;   //捕获比较值，即 CRR2 的设定值
uint8_t rf=0;   //人为设定的中断标志位
/* USER CODE END PV */
/* Private function prototypes -------------------------------------
---------*/
   void SystemClock_Config(void);
   static void MX_GPIO_Init(void);
   static void MX_TIM3_Init(void);
   static void MX_USART1_UART_Init(void);
   int main(void)
   {
     /* USER CODE BEGIN 1 */
        char str[4];   //用于存放 CCR2 值转换的字符串
     /* USER CODE END 1 */
     /* MCU Configuration--------------------------------------------------
--------*/
       /* Reset of all peripherals, Initializes the Flash interface and the
Systick. */
       HAL_Init();
       /* Configure the system clock */
       SystemClock_Config();
       /* Initialize all configured peripherals */
       MX_GPIO_Init();
       MX_TIM3_Init();
       MX_USART1_UART_Init();
       /* USER CODE BEGIN 2 */
     HAL_TIM_PWM_Start(&htim3,TIM_CHANNEL_2);
       __HAL_TIM_SET_COMPARE(&htim3,TIM_CHANNEL_2,cmpv);
     HAL_GPIO_WritePin(GPIOC, GPIO_PIN_8, GPIO_PIN_RESET);
     HAL_GPIO_WritePin(GPIOC, GPIO_PIN_9, GPIO_PIN_RESET);
     /* USER CODE END 2 */
     /* Infinite loop */
     /* USER CODE BEGIN WHILE */
     while (1)
     {
          if(rf==1)
          {
             HAL_UART_Transmit(&huart1,&"PWM:",4,4);
             sprintf(str,"%d",cmpv);
             HAL_UART_Transmit(&huart1,str,3,3);
             HAL_UART_Transmit(&huart1,&"\n\r",2,2);
```

```c
            rf=0;
        }
        /* USER CODE END WHILE */
    }
}
......
/* USER CODE BEGIN 4 */
void HAL_GPIO_EXTI_Callback(uint16_t GPIO_Pin)
{
    if      (GPIO_Pin==GPIO_PIN_0)    //正转按钮
    {
        HAL_GPIO_WritePin(GPIOC, GPIO_PIN_8, GPIO_PIN_SET);
        HAL_GPIO_WritePin(GPIOC, GPIO_PIN_9, GPIO_PIN_RESET);
        rf=1;
    }
    else if(GPIO_Pin==GPIO_PIN_1)    //反转按钮
    {
        HAL_GPIO_WritePin(GPIOC, GPIO_PIN_8, GPIO_PIN_RESET);
        HAL_GPIO_WritePin(GPIOC, GPIO_PIN_9, GPIO_PIN_SET);
        rf=1;
    }
    else if(GPIO_Pin==GPIO_PIN_2)    //停止按钮
    {
        HAL_GPIO_WritePin(GPIOC, GPIO_PIN_8|GPIO_PIN_9, GPIO_PIN_RESET);
    }
    else if(GPIO_Pin==GPIO_PIN_3)    //加速按钮（增加 PWM 信号波形占空比）
    {
        if(cmpv<100)cmpv+=10;
        __HAL_TIM_SET_COMPARE(&htim3,TIM_CHANNEL_2,cmpv);
        rf=1;
    }
    else if(GPIO_Pin==GPIO_PIN_4)    //减速按钮（减小 PWM 信号波形占空比）
    {
        if(cmpv>0)cmpv-=10;
        __HAL_TIM_SET_COMPARE(&htim3,TIM_CHANNEL_2,cmpv);
        rf=1;
    }
}
/* USER CODE END 4 */
......
```

直流电动机运动控制仿真电路运行结果如图 5-30 所示。

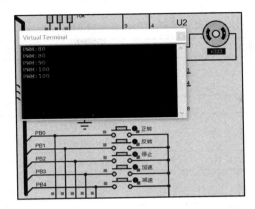

图 5-30　直流电动机运动控制仿真电路运行结果

5.6　步进电动机的控制

能力目标

了解 ULN2803 的使用方法，能编写步进电动机的驱动程序。

任务目标

步进电动机运动控制仿真电路如图 5-31 所示，有 1 个 12V 四相六线步进电动机，要求通过 7 个按钮控制步进电动机的运行状态，7 个按钮的作用分别是：连续正转、连续反转、停止、加速、减速、点动正转和点动反转。

步进电动机运动控制仿真电路中的虚拟元器件及仪表如表 5-17 所示。

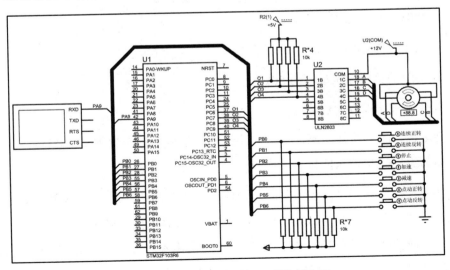

图 5-31　步进电动机运动控制仿真电路

表 5-17　步进电动机运动控制仿真电路中的虚拟元器件及仪表

名　　称	说　　明
STM32F103R6	单片机
RES	电阻
BUTTON	按钮
ULN2803	达林顿晶体管阵列
MOTOR-STEPPER	步进电动机
VIRTUAL TERMINAL	虚拟终端（虚拟仪表）

5.6.1　达林顿晶体管阵列 ULN2803

ULN2803 内部具有一个 8 路 NPN 达林顿晶体管阵列，适合作为 TTL、CMOS、NMOS 或 PMOS 等低逻辑电平数字电路与继电器、步进电动机等直流高电压、大电流设备之间的接口。采用 DIP 封装的 ULN2803 引脚排序及实物如图 5-32 所示，引脚 1~8 为 8 路输入，引脚 11~18 为 8 路输出，引脚 9 为 GND，引脚 10 为公共端。

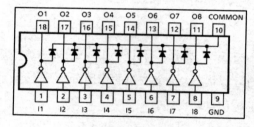

图 5-32　采用 DIP 封装的 ULN2803 引脚排序及实物

ULN2803 的主要参数如下。

- 输入 5V 低逻辑电平。

- 输出驱动负载电压最高为 50V。

- 每 1 路输出驱动负载电流最高为 500mA。

8 路达林顿晶体管某 1 路的内部电路结构示意图如图 5-33 所示，显然，ULN2803 属于集电极开路输出，只能接受灌电流。

在实际使用的时候，一般将负载一端接在公共引脚 COM，将负载另一端接在输出引脚 On（n=1, 2, 3, ..., 8），COM 引脚同时连接负载高电压，输入的逻辑信号地和输出的电源地同时连接 GND 引脚，如图 5-34 所示。当输入逻辑信号为高电平时，ULN2803 导通，On 引脚接地，负载回路通路；当输入逻辑信号为低电平时，ULN2803 截止，负载回路断路。值得注意的是，当负载为继电器线圈时，由于输出引脚与公共引脚之间已经存在一个内置的续流二极管，因此不需要外接续流二极管。

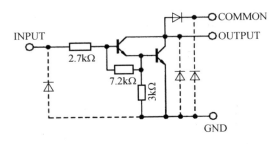

图 5-33　8 路达林顿晶体管某 1 路的内部电路结构示意图

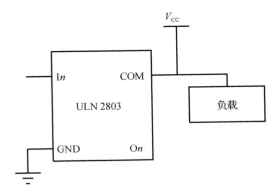

图 5-34　ULN2803 外接负载示意图

　　另外，由于 ULN2803 输入的逻辑高电平是+5V，因此 STM32 单片机需要选择具备"FT"特性的 GPIO 引脚并将其连接至 ULN2803 的输入引脚，同时将 STM32 单片机的这些 GPIO 引脚设为开漏输出模式，通过外部电阻上拉到+5V 电位。

5.6.2　步进电动机的驱动

　　步进电动机属于特种电动机，它的特性如下。

- 角位移与给定的脉冲个数成正比。

- 转速与脉冲的频率成正比。

不同于直流电动机这种典型的惯性电动机，步进电动机属于典型的比例电动机，适合在开环控制系统中作为执行元件。

　　以 Proteus 中的步进电动机 "Motor Stepper" 为例，它是一种四相六线制步进电动机，四相分别为 A 相、B 相、C 相、D 相，可以选择四相单四拍、四相双四拍或四相单双八拍 3 种驱动方式。

- 四相单四拍相序是 A→B→C→D→……

- 四相双四拍相序是 AB→BC→CD→DA→……

- 四相单双八拍相序是 A→AB→B→BC→C→CD→D→DA→……

四相步进电动机的 3 种相序如表 5-18 所示。

表 5-18　四相步进电动机的 3 种相序

四相单四拍		四相双四拍		四相单双八拍			
相序	1B 2B 3B 4B	相序	1B 2B 3B 4B	相序	1B 2B 3B 4B	相序	1B 2B 3B 4B
1-A	1　0　0　0	1-AB	1　1　0　0	1-A	1　0　0　0	5-C	0　0　1　0
2-B	0　1　0　0	2-BC	0　1　1　0	2-AB	1　1　0　0	6-CD	0　0　1　1
3-C	0　0　1　0	3-CD	0　0　1　1	3-B	0　1　0　0	7-D	0　0　0　1
4-D	0　0　0　1	4-DA	1　0　0　1	4-BC	0　1　1　0	8-DA	1　0　0　1

5.6.3　任务程序的编写

这里选择四相双四拍的驱动方式。

main.c 程序：

```
/* Includes ------------------------------------------------------
---------*/
#include "main.h"
/* Private variables ---------------------------------------------
---------*/
TIM_HandleTypeDef htim3;
UART_HandleTypeDef huart1;
/* USER CODE BEGIN PV */
char rd = 'C';  //C 表示顺时针；A 表示逆时针
uint16_t arr = 49;  //99, 149, 199…949, 999
int StepNo=1;  //步序编号，1 表示 AB；2 表示 BC；3 表示 CD；4 表示 DA
uint8_t rf=0;
/* USER CODE END PV */
/* Private function prototypes -----------------------------------
---------*/
void SystemClock_Config(void);
static void MX_GPIO_Init(void);
static void MX_TIM3_Init(void);
static void MX_USART1_UART_Init(void);
/* USER CODE BEGIN PFP */
```

```c
void StepOut(uint8_t StepNo);
/* USER CODE END PFP */
int main(void)
{
  /* USER CODE BEGIN 1 */
    char str[4];
  /* USER CODE END 1 */
  /* MCU Configuration---------------------------------------------------
--------*/
  /* Reset of all peripherals, Initializes the Flash interface and the
Systick. */
  HAL_Init();
  /* Configure the system clock */
  SystemClock_Config();
  /* Initialize all configured peripherals */
  MX_GPIO_Init();
  MX_TIM3_Init();
  MX_USART1_UART_Init();
  /* USER CODE BEGIN 2 */
  __HAL_TIM_SET_AUTORELOAD(&htim3,arr);
  /* USER CODE END 2 */
  /* Infinite loop */
  /* USER CODE BEGIN WHILE */
  while (1)
  {
      if(rf==1)
      {
          HAL_UART_Transmit(&huart1,&"Time Interval[ms]:",18,18);
          sprintf(str,"%d",arr);
          HAL_UART_Transmit(&huart1,str,3,3);
          HAL_UART_Transmit(&huart1,&"\n\r",2,2);
          rf=0;
      }
    /* USER CODE END WHILE */
  }
}
……
/* USER CODE BEGIN 4 */
void StepOut(uint8_t StepNo)
{
    if    (StepNo==1)
    {
        HAL_GPIO_WritePin(GPIOC, GPIO_PIN_8|GPIO_PIN_9, GPIO_PIN_RESET);
        HAL_GPIO_WritePin(GPIOC, GPIO_PIN_6|GPIO_PIN_7, GPIO_PIN_SET);
    }
```

```
        else if(StepNo==2)
        {
            HAL_GPIO_WritePin(GPIOC, GPIO_PIN_6|GPIO_PIN_9, GPIO_PIN_RESET);
            HAL_GPIO_WritePin(GPIOC, GPIO_PIN_7|GPIO_PIN_8, GPIO_PIN_SET);
        }
        else if(StepNo==3)
        {
            HAL_GPIO_WritePin(GPIOC, GPIO_PIN_6|GPIO_PIN_7, GPIO_PIN_RESET);
            HAL_GPIO_WritePin(GPIOC, GPIO_PIN_8|GPIO_PIN_9, GPIO_PIN_SET);
        }
        else if(StepNo==4)
        {
            HAL_GPIO_WritePin(GPIOC, GPIO_PIN_7|GPIO_PIN_8, GPIO_PIN_RESET);
            HAL_GPIO_WritePin(GPIOC, GPIO_PIN_9|GPIO_PIN_6, GPIO_PIN_SET);
        }
}


void HAL_TIM_PeriodElapsedCallback (TIM_HandleTypeDef *htim)
{

    if(htim==&htim3)
    {
        if(rd=='C')
        {
            StepNo++;
            if(StepNo>4)StepNo=1;
            StepOut(StepNo);
        }
        else if(rd=='A')
        {
            StepNo--;
            if(StepNo<0)StepNo=4;
            StepOut(StepNo);
        }
    }
}


void HAL_GPIO_EXTI_Callback(uint16_t GPIO_Pin)
{
    if    (GPIO_Pin==GPIO_PIN_0)
    {
        rd='C';
        HAL_TIM_Base_Start_IT(&htim3);
        StepOut(StepNo);
        rf=1;
```

```
    }
    else if(GPIO_Pin==GPIO_PIN_1)
    {
        rd='A';
        HAL_TIM_Base_Start_IT(&htim3);
        StepOut(StepNo);
        rf=1;
    }
    else if(GPIO_Pin==GPIO_PIN_2)
    {
        HAL_TIM_Base_Stop(&htim3);
    }
    else if(GPIO_Pin==GPIO_PIN_3)
    {
        if(arr>49)arr-=50;
        __HAL_TIM_SET_AUTORELOAD(&htim3,arr);
        rf=1;
    }
    else if(GPIO_Pin==GPIO_PIN_4)
    {
        if(arr<999)arr+=50;
        __HAL_TIM_SET_AUTORELOAD(&htim3,arr);
        rf=1;
    }
    else if(GPIO_Pin==GPIO_PIN_5)
    {   //检测下降沿
        if(HAL_GPIO_ReadPin(GPIOB,GPIO_PIN_5)==GPIO_PIN_RESET)
        {
            rd='C';
            HAL_TIM_Base_Start_IT(&htim3);
            StepOut(StepNo);
            rf=1;
        }
        else  //检测上升沿
        {
            HAL_TIM_Base_Stop(&htim3);
        }
    }
    else if(GPIO_Pin==GPIO_PIN_6)
    {   //检测下降沿
        if(HAL_GPIO_ReadPin(GPIOB,GPIO_PIN_6)==GPIO_PIN_RESET)
        {
            rd='A';
            HAL_TIM_Base_Start_IT(&htim3);
            StepOut(StepNo);
```

```
                rf=1;
        }
        else   //检测上升沿
        {
                HAL_TIM_Base_Stop(&htim3);
        }
    }
}
/* USER CODE END 4 */
......
```

步进电动机运动控制仿真电路运行结果如图 5-35 所示。

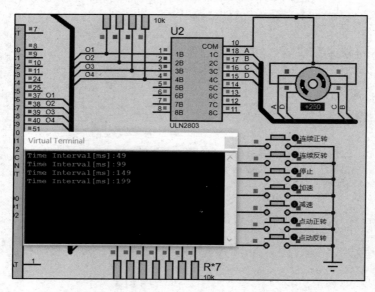

图 5-35　步进电动机运动控制仿真电路运行结果

在仿真过程中，步进电动机转速会呈现出"波动"的效果，这是由于脉冲信号存在周期性，不可避免；但在实物运行中，在步进电动机自身惯性的作用下，人们实际上很难察觉到这种"波动"的效果。

附录

附录 A　ASCII 码对照表

ASCII 码	控制字符	ASCII 码	控制字符	ASCII 码	控制字符	ASCII 码	控制字符
0	NUL	32	(space)	64	@	96	`
1	SOH	33	!	65	A	97	a
2	STX	34	"	66	B	98	b
3	ETX	35	#	67	C	99	c
4	EOT	36	$	68	D	100	d
5	ENQ	37	%	69	E	101	e
6	ACK	38	&	70	F	102	f
7	BEL	39	,	71	G	103	g
8	BS	40	(	72	H	104	h
9	HT	41	)	73	I	105	i
10	LF	42	*	74	J	106	j
11	VT	43	+	75	K	107	k
12	FF	44	,	76	L	108	l
13	CR	45	-	77	M	109	m
14	SO	46	.	78	N	110	n
15	SI	47	/	79	O	111	o
16	DLE	48	0	80	P	112	p
17	DC1	49	1	81	Q	113	q
18	DC2	50	2	82	R	114	r
19	DC3	51	3	83	S	115	s
20	DC4	52	4	84	T	116	t
21	NAK	53	5	85	U	117	u
22	SYN	54	6	86	V	118	v
23	ETB	55	7	87	W	119	w
24	CAN	56	8	88	X	120	x
25	EM	57	9	89	Y	121	y
26	SUB	58	:	90	Z	122	z
27	ESC	59	;	91	[	123	{
28	FS	60	<	92	/	124		
29	GS	61	=	93	]	125	}
30	RS	62	>	94	^	126	`
31	US	63	?	95	_	127	DEL

注：（1）表中 ASCII 码采用十进制表示；

　　（2）底纹灰色部分表示的是不可见控制字符。

附录 B　STM32103xx 功能单元框图

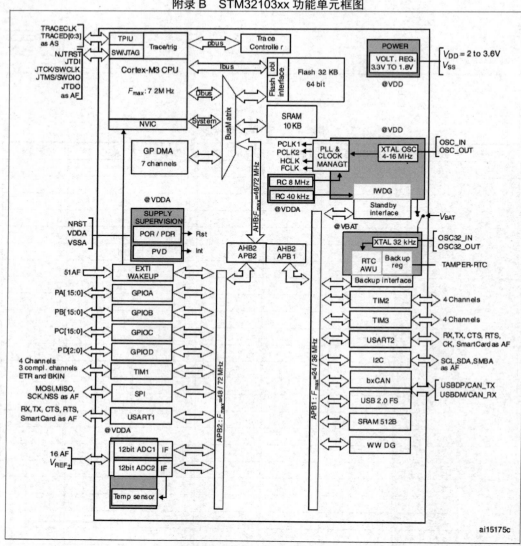

附录 C Cortex-M3 存储空间示意图

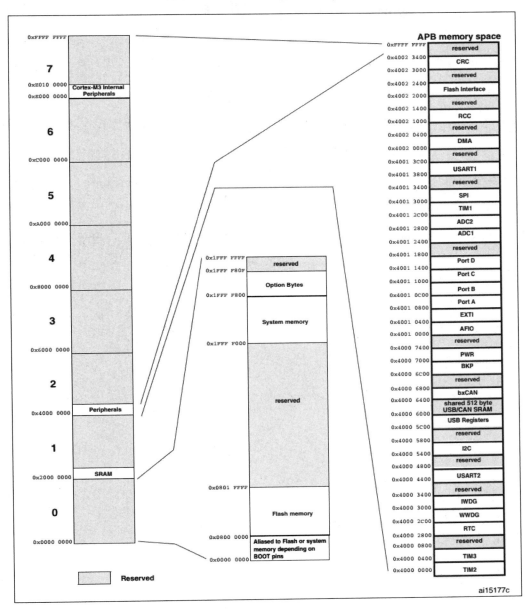

参 考 文 献

[1] 索明何，邢海霞，方伟骏. C 语言程序设计 [M]. 北京：机械工业出版社，2016.1.

[2] 蒙博宇. STM32 自学笔记 [M]. 北京：北京航空航天大学出版社，2012.2.

[3] 欧启标. STM32 程序设计案例教程 [M]. 北京：电子工业出版社，2019.6.

[4] 杨百军. 轻松玩转 STM32Cube [M]. 北京：电子工业出版社，2017.8.

[5] 彭伟. 单片机 C 语言程序设计实训 100 例——基于 PIC+Proteus 仿真 [M]. 北京：电子工业出版社，2011.11.

[6] 石从刚，宋剑英. 基于 Proteus 的单片机应用技术 [M]. 北京：电子工业出版社，2013.8.